Abhishek Kesharwani

Previsão de classificação de filmes com base na análise de sentimentos do Twitter

Abhishek Kesharwani

Previsão de classificação de filmes com base na análise de sentimentos do Twitter

Análise de sentimento do Twitter

ScienciaScripts

Imprint
Any brand names and product names mentioned in this book are subject to trademark, brand or patent protection and are trademarks or registered trademarks of their respective holders. The use of brand names, product names, common names, trade names, product descriptions etc. even without a particular marking in this work is in no way to be construed to mean that such names may be regarded as unrestricted in respect of trademark and brand protection legislation and could thus be used by anyone.

Cover image: www.ingimage.com

This book is a translation from the original published under ISBN 978-620-2-05153-8.

Publisher:
Sciencia Scripts
is a trademark of
Dodo Books Indian Ocean Ltd. and OmniScriptum S.R.L publishing group

120 High Road, East Finchley, London, N2 9ED, United Kingdom
Str. Armeneasca 28/1, office 1, Chisinau MD-2012, Republic of Moldova, Europe
Printed at: see last page
ISBN: 978-620-8-26581-6

ÍNDICE

AGRADECIMENTOS 2

Resumo 3

LISTA DE ABREVIATURAS 4

CAPÍTULO 1 5

CAPÍTULO 2 8

CAPÍTULO 3 33

CAPÍTULO 4 47

CAPÍTULO 5 55

CAPÍTULO 6 56

Referências 57

AGRADECIMENTOS

É com imenso prazer que exprimo o meu mais profundo sentimento de gratidão e os meus sinceros agradecimentos ao meu muito respeitado orientador e coordenador do mestrado, **Sr. Rakesh Bharti,** Professor Assistente, Departamento de Informática e Engenharia, UIT Allahabad, pela sua valiosa orientação, compreensão e paciência ao longo do meu estudo de pós-graduação e por me ter ajudado a finalizar o relatório da minha tese.

Agradeço ao **Sr. Abhishek Malviya,** Diretor do Departamento de Informática e Engenharia da UIT Allahabad, por me ter sempre encorajado e fornecido os recursos necessários para o meu trabalho de tese.

Agradeço também aos meus amigos pela sua cooperação, apoio moral e sugestões significativas que me deram no meu trabalho de tese.

Estou em dívida para com o Todo-Poderoso pela bênção que me deu ao concluir este trabalho de tese. Estou também grato aos meus pais que sempre me apoiaram em tudo o que fiz, dando-me apoio, encorajamento e amor constantes.

Data: agosto, 2017 Assinatura

Abhishek Kesharwani

Resumo

O Twitter é uma rede social em linha e um sítio de microblogging que conta atualmente com milhões de utilizadores. Os utilizadores do Twitter "tweetam", em média, pelo menos duas vezes por dia, gerando assim uma enorme quantidade de dados. Este projeto tenta aproveitar os dados gerados pelo Twitter para obter informações significativas. O objetivo desta tese é atribuir uma classificação exacta a um filme com base na conversa no Twitter.

Um utilizador pode procurar qualquer filme da sua escolha. A aplicação utiliza a API REST fornecida pelo Twitter para obter os tweets mais recentes sobre o filme. Estes tweets são classificados em tweets positivos, negativos, neutros ou irrelevantes, utilizando a nossa abordagem baseada em dicionários para a rotulagem de tweets através do algoritmo de classificação de tweets. Os tweets recuperados são então armazenados na base de dados juntamente com o sentimento que lhes está associado. A classificação do filme é calculada com o algoritmo de classificação de filmes e o resultado de uma fórmula matemática baseada no número de tweets positivos, negativos, neutros e irrelevantes armazenados na base de dados.

A conclusão esperada é que a classificação será mais exacta do que a classificação de um filme quando comparada com as classificações no IMDb, Rotten Tomato ou outros sítios Web semelhantes, uma vez que foi concebida para refletir a opinião das pessoas no momento da consulta.

LISTA DE ABREVIATURAS

1.	IMDb	Internet Movie Database
2.	API	Application program interface
3.	NLTK	Natural Language Toolkit
4.	SMS	Short Message Service
5.	NLP	Natural Language Processing
6.	URL	Uniform Resource Locator
7.	HDFS	Hadoop Distributed File System
8.	k-NN	k-nearest neighbors
9.	CBMF	Content-boosted Matrix resolution
10.	SVM	Support Vector Machines
11.	PBS	Portable Batch System
12.	HPCC	High Performance Computing Cluster
13.	MSE	Mean-Squared Error
14.	SVR	Support Vector Regression
15.	LR	Rectilinear Regression
16	SVC.	Support Vector Classification
17.	SGD	Gradient Descent Classification

CAPÍTULO 1

INTRODUÇÃO

1.1 Visão geral

Se uma pessoa está a planear sair para ver um filme na sexta-feira ou no sábado à noite e quer ver as críticas do filme. As classificações geradas por outros sítios Web, como o sítio Web IMDb, entram em conflito com outros sítios Web de classificação, como o Rotten Tomatoes, uma vez que são geradas com um número limitado de utilizadores. Assim, o utilizador não tem conhecimento da classificação exacta e da popularidade do filme.

Pode haver muitas razões para que as classificações destes sítios Web populares sejam contraditórias

1. O tempo de avaliação gerado pelo site é levado em conta na data explícita e ele não atualizará sua avaliação e, portanto, a gama de usuários é montada adicionalmente.

2. Normalmente, o IMDb tem as opiniões de apenas alguns utilizadores. A agência das Nações Unidas tenta procurar os sites, criar uma conta e classificá-la com cinco estrelas ou dez pontos. Não seria ou não seria bom se houvesse um lugar na rede onde você pudesse ver o que o público final está falando sobre a comunicação de alguns programas naquele momento? Existem várias plataformas sociais onde as pessoas desejam expressar a sua opinião sobre os problemas que lhes interessam. Uma quantidade enorme de informação é gerada quando alguém escreve blogues, comentários ou posts sobre quaisquer tópicos específicos. O Twitter está entre os sites de redes sociais mais apreciados, onde um utilizador pode publicar um comentário com apenas cento e quarenta caracteres. Não é errado supor que, se alguém for a um espetáculo, vai enviar um tweet rápido do seu telefone sobre o mesmo para os seus amigos e família. Os mais fervorosos frequentadores de espectáculos poderiam votar ou rever o espetáculo no IMDb ou no Rotten Tomatoes quando quisessem, mas a pessoa comum tem a possibilidade adicional de transportar uma atualização rápida para as redes sociais. Se tivermos tendência a implementar qualquer sistema, teremos tendência a recolher todas as informações destes sítios de blogues sociais e a gerar a classificação que suporta os tweets.

3. A ideia principal do desenvolvimento deste sistema baseia-se nos dados em tempo real que

extraímos do twitter.

1.2 Sobre o Twitter

O Twitter é um serviço de notícias e de redes sociais na Internet onde os utilizadores publicam e navegam em mensagens curtas de 140 caracteres conhecidas como "tweets". Os utilizadores registados podem publicar e navegar pelos tweets; no entanto, as pessoas que não estão registadas podem apenas navegar por eles. Os utilizadores acedem ao Twitter através da interface do sítio Web, Twitter Iraqi National Congress. O Twitter é um ponto de entrada e tem cerca de vinte e cinco escritórios em todo o mundo.

O Twitter foi criado em março de 2006 por Jack Dorsey, Noah Glass, Biz Stone e Evan Williams e lançado em julho, pelo que o serviço ganhou qualidade a nível mundial. Em 2012, cerca de cem milhões de utilizadores anunciaram 340 milhões de tweets diariamente e, por conseguinte, o serviço geriu uma média de 1,6 mil milhões de consultas de pesquisa por dia. Em 2013, foi um dos 10 sítios Web mais visitados e foi representado como "o SMS da Internet". Em março de 2016, o Twitter tinha cerca de 310 milhões de utilizadores activos mensais.

O Twitter, um sítio Web de microblogging, desempenha atualmente um papel importante na investigação sobre redes sociais. As pessoas partilham as suas preferências no Twitter utilizando textos de formato livre e de comprimento limitado, e estes textos (frequentemente designados por "tweets") fornecem informações valiosas às empresas/institutos que pretendem saber se as pessoas gostam de um determinado produto, filme ou serviço. A "prospeção de opiniões" através da análise dos meios de comunicação social tornou-se uma alternativa aos inquéritos aos utilizadores e os resultados promissores mostram que pode até ser mais eficaz do que os inquéritos aos utilizadores.

1.3 Âmbito da aplicação

O Twitter introduziu um limite de taxa para o número de tweets que podem ser extraídos utilizando as API do Twitter. Por conseguinte, o âmbito desta aplicação é reduzido, mas, no futuro, se os limites de taxa dos tweets que podem ser descarregados do Twitter forem aumentados, a precisão e a classificação da aplicação também aumentam, uma vez que o número de tweets também aumenta e a revisão do número de utilizadores também tem um grande impacto no resultado.

1.4 Objetivo da tese

O objetivo desta tese é principalmente gerar uma classificação precisa e em tempo real do filme após a data de lançamento com a ajuda de tweets obtidos do twitter e prever o sentimento associado aos tweets sobre o filme. O algoritmo e o conceito que desenvolvemos são apresentados como uma aplicação de ambiente de trabalho. Esta aplicação de ambiente de trabalho é utilizada principalmente por qualquer utilizador para verificar a classificação atual do filme.

1.5 Estrutura da tese

Esta tese está dividida em 6 secções (incluindo a Introdução) e organizada da seguinte forma. A revisão da literatura é discutida no capítulo 2, o trabalho proposto é explicado em pormenor no capítulo 3. O resultado experimental e a análise do desempenho são discutidos no capítulo 4. O capítulo 5 discute a conclusão e o capítulo 6 discute o trabalho futuro.

CAPÍTULO 2

REVISÃO DA LITERATURA

Neste capítulo, explicámos alguns dos trabalhos sobre análise de sentimentos utilizando o Twitter, as suas vantagens e limitações, seguidos de um estudo sobre vários algoritmos e métodos de previsão da análise de sentimentos de um tweet. Além disso, este capítulo dá uma breve visão geral dos vários trabalhos efectuados no domínio da previsão da classificação de filmes utilizando a análise de sentimentos do Twitter.

2.1 Análise do sentimento dos filmes com base em tweets públicos [1]

Neste documento, introduziram uma abordagem especial para compreender a língua e a frequência das palavras de uma categoria de sentimento, permitindo uma classificação de sentimento muito melhor em comparação com as técnicas normais de aprendizagem automática. Além disso, introduzem uma categoria de sentimento adicional - a categoria neutra. Na sua análise, utilizam a linguagem de programação Python com a biblioteca NLTK e comparam os resultados obtidos com as técnicas normais de aprendizagem automática, recorrendo a um jack rápido. A sua atenção centra-se no Twitter - uma pequena plataforma de blogues com um máximo de cento e quarenta caracteres por mensagem (tweet) - e, mais especificamente, na recolha do sentimento de determinados filmes. Tudo o que precisam de tentar fazer é 1.º perceber os tweets relevantes e analisá-los. vitimizando cento e quarenta caracteres (ou mesmo menos) que os utilizadores do Twitter publicam nos seus perfis, tendemos a precisar de formar um sistema de chamada para ver se a opinião do público em geral sobre um determinado programa é ou não doce, perigosa ou algo mediano. As classes de opinião que tendemos a utilizar foram: positiva, neutra e negativa. Isto pode ser adicionalmente designado por análise de sentimentos. Embora os utilizadores do Twitter sejam, em grande parte, espectadores médios, e não os mais exigentes, a nossa análise foi capaz de criar uma ilustração decente da opinião geral sobre um determinado programa, extraindo a opinião de um grupo de indivíduos de grandes dimensões. Em contraste com outros investigadores, tendemos a introduzir uma categoria de sentimento neutro para os tweets que não são nem positivos nem negativos. Para criar um modelo de dados reais, foi necessário um conjunto de dados fiável. Quando percepcionámos o corpus de informação de tweets existente no mercado, tivemos de construir manualmente o nosso próprio conjunto de dados de treino e teste, uma vez que a maioria dos conjuntos de dados existentes no mercado foram concebidos mecanicamente com base no gesto facial detectado, pelo que os erros de transporte para a informação se centraram num tópico específico, enquanto a grande maioria dos outros era independente do tópico. Isto significa que tivemos de adotar uma abordagem especial para remover a informação imaterial do conteúdo do tópico escolhido. Concebemos uma plataforma online capaz de recuperar os tweets do público em geral, utilizando a API v1.1 do Twitter, com suporte de uma hashtag selecionada. O conteúdo do tweet foi exibido a um em cada um dos nossos avaliadores A agência da ONU classificou o tweet como negativo, neutro, positivo ou para ser ignorado se não fosse absolutamente uma opinião. Além disso, foi pedido aos avaliadores que assinalassem no conteúdo do tweet as palavras-chave cruciais que determinaram a classificação do tweet, uma vez que, ao longo da nossa aquisição de informações, não tínhamos a certeza se o nosso modelo seria ou não capaz de encontrar as palavras ou frases importantes e relevantes do conteúdo completo do tweet, dada a dimensão diminuta do conjunto de treino. O conteúdo dos tweets foi então guardado nas informações, juntamente com os dados sobre a identificação do tweet, a identificação do utilizador, a hashtag utilizada para ver os tweets, as palavras-chave escolhidas a dedo pelo juiz, a classificação do tweet, o nome do avaliador e o código de tempo. As informações para o conjunto de dados de treino e de teste não foram herdadas entre 27 de dezembro de 2013 e o quarto mês do calendário gregoriano de 2014 para os conjuntos de dados de treino e de teste e para mais um conjunto de dados de teste quatro meses mais tarde. As informações de teste foram assim obtidas para simular de forma óptima um cenário real. Para tratar as informações e construir um modelo, utilizámos Python 2.7.6 com a plataforma NLTK 3.0 (Natural Language Toolkit). A maior parte do processamento do texto foi feita com a biblioteca NLTK, que forneceu à U.S.A. uma ferramenta útil de reconhecimento de palavras, capaz de detetar palavras de paragem e de extrair as frases importantes de uma determinada frase. Para além do texto importante, o conteúdo do tweet contém ainda muitas partes inúteis, como endereços de computadores, caracteres especiais sem significado real e, por vezes, palavras mal escritas. No âmbito das etapas básicas de pré-processamento incorporadas na plataforma da Net, tendemos a remover todos os URL, caracteres especiais e todos os re-tweets (tweets re-postados por diferentes utilizadores). Eles tendem a ser capazes de ver as palavras mal escritas, no entanto, tendemos a não conseguir corrigi-las com sucesso. Eles tendem a deixá-las intactas. Antes de analisar a informação, foi necessário efetuar outro passo de pré-processamento, para além do realizado pela plataforma baseada na Web. Esgotou-se absolutamente a função de gerar os ficheiros de informação que eram depois exportados do servidor e utilizados para trabalho adicional. Uma vez construído um modelo, há três valores que serão modificados. Dois deles são os números que definem as fronteiras entre as categorias e um em cada um deles é o do fator de coagulação, um preço numérico que determina a percentagem de palavras que são negligenciadas no modelo superior. Ao otimizar a questão, é possível excluir palavras específicas do tópico, palavras que não param, aquelas presentes em cada categoria e que não caracterizam inequivocamente uma categoria particular. O intervalo de emissão determina as dimensões do subintervalo dentro da distribuição de incidência de cada categoria. Quanto mais alto for o valor, maior é a amplitude do intervalo em cada categoria em que são utilizadas palavras semelhantes. Se, por exemplo, uma palavra aparece dentro da primeira categoria sete vezes e dentro da segunda classe apenas duas vezes, o preço especificado da questão para excluir uma palavra do modelo superior seria cinco. o que significa que se numa categoria uma palavra acontece várias vezes e dentro da diferente apenas um par de vezes, ela estará ou não fora do modelo superior variando o preço de emissão quando o nosso modelo foi concebido com uma questão precisa, as fronteiras foram determinadas com um método reiterativo para procurar os resultados mais eficazes. Trabalho futuro, afinal, ao aumentá-lo, a nossa abordagem teria um desempenho ainda mais elevado. Tal como no topo da melhoria primária, estaríamos a aumentar este conjunto de dados de treino. A seguir, seria a correção automática das palavras mal escritas. O mesmo se aplica aos sinónimos de vitimização se as palavras que o modelo conhece e entende como parte de uma categoria não forem encontradas no conteúdo do tweet. Um espaço motivador do trabalho a longo prazo seria mesmo a identificação dos utilizadores que apoiam as suas opiniões. O escrutínio entre o sentimento no Twitter e também o sentimento em sites de espectáculos, como o IMDb ou o Rotten Tomatoes, seria mesmo uma em cada uma das hipóteses para aumentar a análise de sentimento.

2.2 Análise de sentimento e mineração de opinião com redes sociais para prever a arrecadação de bilheteria do filme. [2]

Neste documento, mostram como a substância de rede em linha é utilizada para antecipar resultados autênticos. O sistema que propõem pode utilizar o Twitter Auth para a transmissão de tweets. Os tweets vão estar em formato não estruturado, pelo que o nosso sistema pode transformar o conhecimento não estruturado em formato estruturado para análise de sentimentos. Uma vez que o conhecimento é colocado em formato estruturado, o sistema pode aplicar pesos aos tweets com base em numerosos critérios, como seguidores, seguidores do ator, da atriz, do realizador, do produtor e, conjuntamente, a taxa de tweets na hash tag do filme. Tendem a analisar adicionalmente os sentimentos extraídos do Twitter, que podem ser utilizados adicionalmente para prever o sortido de filmes no local de trabalho da primeira semana e o sortido global na era em que os meios de comunicação social se estão a tornar mais generalizados, onde os eleitores se categorizam, fornecem críticas, etc. O conhecimento gerado através dos meios de comunicação social é de quase 10 TB por dia. Com o aumento desta grande quantidade de informação, é necessário desenvolver um sistema que possa utilizar esta grande quantidade de informação para efetuar análises e prever o futuro com as redes sociais. Por isso, a unidade de área tende a desenvolver um sistema que utiliza o conhecimento do Twitter para prever a variedade de imagens no local de trabalho. Esta técnica incorpora o domínio do processo linguístico da computação e o estudo científico da linguagem humana, ou seja, a linguística, que é exposta com a interação ou interface entre a linguagem humana (natural) e o computador portátil. A extração de opiniões ou a análise de sentimentos refere-se a um vasto espaço do processo linguístico e da extração de textos. A sua preocupação não é com o assunto de um documento, mas com a opinião que ele exprime, ou seja, o objetivo é ver a perspetiva das subjectividades de um orador ou autor em relação a um determinado tópico para ver a polaridade da opinião. No início, foi aplicado para classificar um programa de imagens quase como bom ou insalubre, apoiado por uma opinião positiva ou negativa. Mais tarde, aumentou para previsões de classificação por estrelas, previsão de variedade de filmes no local de trabalho. O IMDb é um aplicativo baseado principalmente na rede que mantém todo o conhecimento associado aos filmes. Esta técnica fornece conjuntamente classificações para a imagem mostrar olhando em comentários dados pelo usuário. Para dar a classificação ao filme, esta técnica simplesmente encontra o típico das classificações dadas pelo utilizador. Durante este sistema, os utilizadores criam uma conta e podem classificar os filmes de uma a cinco estrelas. O sistema IMDb analisa então estas classificações para concluir que o filme é um êxito, um fracasso ou uma média. Vantagem: esta técnica recomenda filmes com base nas críticas dos utilizadores. Desvantagem: esta técnica analisa as críticas apresentadas pelos utilizadores apenas no seu sítio Web e não utiliza as redes sociais. Como vimos, o nosso sistema pode ultrapassar os inconvenientes desta técnica através da utilização da plataforma das redes sociais. O nosso sistema utilizará a tecnologia da linguagem humana e a análise de sentimentos para prever o estado de espírito do utilizador em relação ao espetáculo de imagens.

Os dados oferecidos no twitter são de enorme quantidade em múltiplos de GB. Se tentarmos processar uma quantidade tão grande de informação com um sistema de informação antigo, não será económico. O sistema de informação antigo é apropriado para o conhecimento estruturado, mas não consegue lidar com o conhecimento não estruturado de forma expedita. Por isso, tendemos a explorar o sistema de arquivo HDFS do Hadoop ao lado da técnica de escalonamento de mapas para lidar com uma grande quantidade de conhecimento não estruturado.

Pré-processamento de Tweets: o processo linguístico (PNL) pode ser uma técnica que facilita o pré-processamento direto do texto de entrada. O pré-processamento refere-se à limpeza e normalização do texto para criar uma análise de sentimentos. Palavras: A remoção de palavras de paragem como a, an, the, this that area unit são bastante comuns e não verificam o sentimento do texto. Pontuação: Os sinais de pontuação, como vírgulas e pontos finais, devem estar longe do texto de entrada. Palavras duplicadas: As palavras duplicadas alteram o sentimento do texto. As palavras duplicadas devem ser removidas para criar o texto de entrada para a análise de sentimentos. Caracteres contínuos: os caracteres contínuos em palavras como "loooonnng" desviam o significado da palavra inicial. Por conseguinte, as palavras com caracteres contínuos devem ser entregues ao seu tipo tradicional. Acrónimos e emoticons da Web: a utilização de emoticons e acrónimos na Internet, como ASAP, AFAIK, revela-se uma séria desvantagem na análise do sentimento do texto de entrada. É mantido um livro de palavras de acrónimos comuns, que é cruzado com o texto de entrada. URLs: A API do Twitter fornece todos os URLs presentes no Tweet. Os URLs não alteram o sentimento do Tweet de entrada e, portanto, devem estar longe do Tweet. Ao tratar o Tweet de entrada com as estratégias acima, o Tweet de entrada fica preparado para análise. Apenas as palavras desejadas que podem criar uma distinção para a unidade de área de sentimento são consideradas.

Classificador Naive: O classificador Naive Bayes pode ser um modelo fácil de classificação. É fácil e pode até ser utilizado na classificação de texto. É um classificador probabilístico suportado pelo teorema de Bayes com pressupostos de independência robustos. Este pode ser o melhor tipo de teorema da Rede, no qual todos os atributos da unidade de área são independentes, dado o valor da variável de categoria. Este facto pode ser conhecido como independência condicional. Assume que cada caraterística é condicionalmente independente de diferentes opções, dada a categoria. Um classificador Naive Bayes pode ser uma técnica que se aplica a uma classe exata de problemas, particularmente pessoas que se expressaram como associando Associate no tratamento de objetos com uma classe distinta. A partir de uma abordagem numérica baseada principalmente no cluster, Naive Bayes tem muitas vantagens, como facilidade, rapidez e alta precisão.

Na análise de sentimentos, os primeiros tweets vão ser transmitidos através da exploração de hash-tag e mantidos na informação Hadoop conhecida como HDFS. Estes tweets vão ser depois pré-processados com recurso à tecnologia de linguagem humana para obter palavras-chave que decidam se o tweet é positivo ou negativo.

Previsão: quando é efectuada uma análise de sentimentos, a unidade de área de pesos é atribuída a numerosos factores, como o elenco, a variedade de ecrãs em que o espetáculo de imagens é emocional, a variedade de tweets, etc., que podem contribuir para o sucesso do espetáculo de imagens. Os pesos de todos os factores são combinados para prever o sucesso global do espetáculo de imagens no local de trabalho.

Este artigo discute intimamente as várias abordagens à Análise de Sentimentos, principalmente a Aprendizagem Automática e as abordagens de caraterísticas psicológicas. O artigo fornece uma leitura aprofundada das várias aplicações e dos potenciais desafios da Análise de Sentimentos que a tornam uma tarefa problemática. Como resultado de várias questões de análise difíceis e de um bom tipo de aplicações sensatas, tem sido um espaço de análise muito ativo nos últimos anos. A engenharia de caraterísticas, tal como em muitas aplicações de Aprendizagem Automática e de processos linguísticos, desempenha um papel significativo. Assistimos à utilização de frases e de palavras como opções. Verificou-se que os adjectivos como opções de palavras captam a maior parte do sentimento. A utilização de opções orientadas para o tópico e de frases de valor desempenha um papel importante na perceção do sentimento quando se pensa no domínio da aplicação.

2.3 Híbrido com viés k-NN para prever a popularidade de tweets de filmes [3]

Neste artigo, eles se concentram em uma tendência para descrever a abordagem do nosso cluster SemWexMFF para o Rec Sys Challenge 2014: User Engagement as analysis. O objetivo do desafio era prever o nível de envolvimento do utilizador em tweets gerados mecanicamente a partir da IMDb. Ao longo das experiências, testámos muitas técnicas de previsão progressiva e planeámos uma variante da fórmula k-NN baseada principalmente no item, que reflecte melhor o envolvimento do utilizador e a natureza do conteúdo do domínio do espetáculo de imagens em movimento, baseado principalmente em atributos. O nosso extermínio racial colocado no centro do quadro de líderes do desafio é uma agregação de muitas execuções desta fórmula. No artigo, descrevem o conjunto de dados utilizado, a filtragem da informação, os detalhes da fórmula e as definições {como temos tendência para as selecções criadas ao longo do desafio e os becos sem saída que exploraram.

A tarefa do RecSys Challenge 2014 consistia em prever o envolvimento dos utilizadores no Twitter para tweets de classificação de filmes em movimento anunciados mecanicamente a partir do IMDb (de utilizadores, a agência das Nações Unidas ligou as suas contas IMDB e Twitter). O envolvimento dos utilizadores em cada tweet foi definido como o total de retweets e favoritos desse tweet. Além disso, foram criadas informações alternativas sobre os tweets para serem utilizadas (incluindo o identificador de espectáculos em movimento da IMDb) e os participantes foram autorizados a transferir informações adicionais. O conjunto de informações de visionamento contém uma quantidade considerável de filmes recentes não vistos nos dados de treino, pelo que temos tendência a esperar que os recomendadores estritamente cooperativos não façam previsões excelentes. Outra limitação atingível é a quantidade considerável de envolvimento zero do utilizador, que causa problemas a alguns algoritmos baseados principalmente na classificação, por exemplo, árvores de chamadas. Além disso, a tarefa não é bem combinada para o estritamente

Recomendadores baseados no conteúdo, uma vez que existem novos utilizadores no conjunto de dados e, além disso, vários utilizadores anunciam apenas alguns tweets. O envolvimento típico do utilizador no jogo é de 0,216; mais de noventa e cinco por cento dos tweets têm um envolvimento nulo do utilizador e praticamente oitenta por cento dos utilizadores receberam um envolvimento nulo em todos os seus tweets. Foi utilizada a resolução matricial reforçada pelo conteúdo (CBMF), mas a sua qualidade temporal revelou-se um obstáculo ao longo das nossas experiências no desafio ESWC 2014. Por outro lado, a metodologia vencedora do desafio de Risotski et al. mostrou que a combinação de recomendadores comparativamente simples pode dar resultados surpreendentemente inteligentes.

ABORDAGEM: Na sua abordagem, trabalharam com 2 hipóteses principais:

1. O envolvimento de filmes comparáveis deve ser semelhante.

2. O envolvimento depende da vizinhança deste utilizador.

Para delinear a semelhança entre filmes, temos tendência a utilizar a API1 de consulta da IMDb para obter atributos baseados no conteúdo. Além disso, pensámos em maltratar a unidade de som Pedia ou Freebase; no entanto, a IMDb contém a maior parte das informações relevantes e, além disso, oferece uma cobertura de itens garantida a 100 por cento.

Foram descarregados três tipos de atributos: atributos que descrevem a qualidade (classificação média, variedade de prémios, meta pontuação IMDb), atributos associados à generalização do espetáculo cinematográfico (número de classificações) e atributos relativos ao conteúdo (nome do filme, data de estreia, género, país, língua, realizador, actores). A segunda hipótese reflecte a nossa expetativa de que a composição dos amigos e seguidores do utilizador teria um grande efeito no envolvimento verificado. A API do twitter contém apenas informações colectivas (número total de amigos e seguidores de cada utilizador), pelo que temos tendência a utilizar a tendência direta do utilizador em vez da aprendizagem automática sobre os amigos do utilizador. Hybrid Biased k-NN: Aplicaram uma variante da fórmula aceite do vizinho mais próximo baseado em itens. Em vez de, por exemplo, a semelhança cooperativa, os tweets são descritos como semelhantes, se a semelhança baseada no conteúdo dos seus vários filmes for elevada. A semelhança baseada no conteúdo é uma média de semelhanças de atributos que são delineadas por tipo. A semelhança de atributos numéricos (classificação média, variedade de classificações e variedade de prémios, pontuação IMDb Meta e data de injustiça) é definida como a sua distinção normalizada pela maior distância permitida. Para atributos de cadeia (nome do filme), a semelhança é definida como o inverso da distância relativa de Levenshtein. Isto permite-nos delinear como semelhantes, por exemplo, séries de filmes em movimento.

Por fim, a semelhança dos atributos do conjunto (género, país, realizador e actores) é delineada como semelhança de Jaccard. Note-se que os atributos nominais serão tratados como conjuntos de tamanho um. As variações entre as audiências dos utilizadores são consideradas no âmbito do estilo de parcialidade do utilizador (valor médio do envolvimento por utilizador). A fórmula completa é apresentada no pseudocódigo da fórmula.

Algoritmo: Algoritmo híbrido k-NN tendencioso: para o tweet tID, a sua imagem em movimento mostra o meio e fica preso k, a fórmula inicial cifra as semelhanças com filmes alternativos e seleciona os k filmes mais semelhantes. Em seguida, para cada tweet relativo à imagem em movimento, a classificação esperada," é acumulada por semelhança, envolvimento do utilizador r e parcialidade do utilizador que tweetou. O enviesamento deste espetáculo de imagens em movimento também é adicionado à previsão final.

AVALIAÇÃO

Têm tendência para utilizar a sua implementação no mineiro rápido Studio2, ou a sua extensão Recommender. Para além do SVM, estas formas proporcionaram apenas pequenas melhorias em relação às previsões aleatórias. Enquanto avaliamos o Hybrid Biased k-NN, temos tendência para nos centrarmos principalmente na utilidade de cada atributo, no tratamento incorreto do enviesamento do utilizador e, adicionalmente, nas formas de misturar os resultados de várias definições de fórmulas. Apenas uma fração dos seus resultados será apresentada devido às razões da área. Afirmarão que a maioria dos atributos utilizados como únicos atributos de semelhança proporcionaram resultados inteligentes, particularmente a pontuação IMDb Meta, o detetor, a língua e o país. Além disso, a omissão da retificação da junção de preconceitos do utilizador leva a uma diminuição da utilidade em várias configurações de fórmulas. O tamanho da vizinhança k entre cinquenta e cem forneceu resultados inteligentes. Temos tendência a experimentar adicionalmente variantes variadas de mistura de semelhanças de atributos entre a fórmula híbrida k-NN (omitindo alguns atributos, esquemas de coeficientes) e formas de conjunto (empilhamento, regressão simples, média), no entanto, até à data, os resultados mais simples foram alcançados pela média dos resultados híbridos k-NN suportados por um único atributo, omitindo um único resultado alto e baixo.Neste artigo, têm tendência para planear uma variante da fórmula k-NN para prever a qualidade dos tweets de filmes em movimento (tarefa RecSys Challenge 2014). A fórmula superou as técnicas de previsão progressiva examinadas e resultou no centro do quadro de líderes do desafio. Uma série de conceitos não funcionou como era de esperar, em especial o tratamento incorreto de técnicas de conjunto avançadas adicionais, o tratamento incorreto da classificação dos tweets em vez da participação dos utilizadores ou a omissão de utilizadores com participação nula. Existem muitas extensões possíveis para o presente trabalho. Até à data, estes têm tendência para não eliminar minimamente a dependência temporal. Além disso, algumas caraterísticas dos tweets ou atributos adicionais baseados no conteúdo de imagens em movimento ainda serão utilizados.

2.4 Previsão do sucesso de um filme utilizando a análise de sentimento dos tweets. [4]

Neste trabalho, têm tendência a tentar prever a qualidade dos espectáculos a partir da análise de sentimentos das informações do Twitter relativas a filmes. Têm tendência para analisar cada um dos tweets em 2009 e os tweets actualizados em 2012. Têm tendência para rotular manualmente os tweets para formar um conjunto de treino e treinar um classificador para classificar os tweets em: positivos, negativos, neutros e digressivos. Têm tendência para desenvolver adicionalmente uma métrica para captar a ligação entre a análise de sentimentos e também os resultados dos filmes no local de trabalho. Finalmente, têm tendência para prever os resultados de bilheteira classificando o espetáculo em 3 categorias: Hit, Flop, e Average. O projeto inclui também investigação sobre tópicos relacionados, tal como a relação entre o tempo de envio de tweets e a variedade de tweets.

O tema da vitimização das redes sociais para prever o longo prazo tornou-se muito falado nos últimos anos. Tentativa de mostrar que a previsão de receitas de bilheteira baseada no twitter tem um desempenho superior à previsão baseada no mercado, analisando vários aspectos dos tweets enviados durante o lançamento do programa. Usa informações do Twitter e do YouTube para prever os filmes volumosos da IMDb. A análise de sentimento da informação do twitter é também um tópico de análise quente nos últimos anos. Embora a análise de sentimentos de documentos tenha sido estudada durante muito tempo, as técnicas podem não ter um bom desempenho na informação do Twitter devido às caraterísticas dos tweets. A seguir, são apresentadas algumas dificuldades no processamento de dados do Twitter: os tweets são por vezes curtos, com até cento e quarenta palavras. O texto dos tweets é geralmente não gramatical. Investiga opções de análise de sentimento na informação dos tweets. No entanto, poucos trabalhos utilizam diretamente os resultados da análise de sentimentos para prever a longo prazo. A análise de sentimentos, no entanto, não utiliza expressamente os resultados da análise de sentimentos para prever o sucesso do espetáculo.

METODOLOGIA: A tendência é usar os resultados da análise de sentimento dos tweets enviados durante o show unleash para prever o sucesso do show no local de trabalho. A nossa metodologia consiste em 4 passos:

Etapa 1: Seleção de informações

Transferimos o conjunto de informações existentes do Twitter para o Associate in Nursing e recuperamos tweets recentes através da API do Twitter. A tendência é transferir o conjunto de dados de 2009 através de um link (agora expirado) fornecido pelo grupo de análise SNAP da Universidade de Stanford (http://snap.stanford.edu). Para o conjunto de dados de 2012, temos tendência a utilizar uma biblioteca python Tweepy que fornece o acesso à API do Twitter para recuperar informações do Twitter. A tendência é para utilizar a API de streaming do Tweepy para obter os tweets relevantes para a nossa tarefa. A API, Tweepy streaming, recupera frequentemente informações relevantes para alguns tópicos do fluxo mundial de informações de Tweets do Twitter. Os tópicos têm tendência para utilizar uma lista de palavras-chave associadas ao programa, por exemplo, "skyfall" e "wreckit Ralph". A tática de envio dos tweets pelo utilizador (por exemplo, iPhone, Android, web, etc.) mantém a informação recolhida como um documento para cada programa. Os campos de informação são separados por separadores.

Etapa 2: Pré-processamento dos dados: Uma vez que dispõem de uma grande quantidade de conhecimentos, têm tendência para os processar através de técnicas de computação distribuída. Têm tendência a filtrar adicionalmente a informação e a adquirir os tweets que falam de filmes através da correspondência de expressões regulares.

O objetivo do pré-processamento da informação consiste em duas partes principais:

Parte I, Eles querem exortar o conhecimento associado à nossa tarefa de previsão.

Parte II, Pretendem converter a informação para o formato necessário à entrada das suas ferramentas de análise de sentimentos (ou extrair as opções necessárias).

O pré-processamento de dados pode ser um bom desafio na nossa tarefa, devido à dimensão da informação. No conjunto de dados de 2009, têm tendência para perturbar cerca de 60 GB de dados.

No conjunto de dados de 2012, temos cerca de 1 GB de dados. Por conseguinte, é vital que tenham tendência para utilizar técnicas de análise de bigdata. Para o conjunto de dados de 2009, queremos filtrar primeiro os conjuntos de dados e obter os tweets associados aos nossos filmes-alvo. Devido à dimensão maciça da informação, têm tendência para executar a tarefa em paralelo em vários nós do cluster.

Efectuam a filtragem em 3 etapas:

Passo 1: Têm tendência para dividir o conjunto de dados em pequenos pedaços. Cada pedaço contém cerca de vinte 5000 tweets.

Passo 2: Têm tendência a atribuir principalmente uma variedade constante de pedaços a cada nó do cluster que têm tendência a utilizar.

Etapa 3: para cada nó, desenvolveram uma tendência para metodizar as partes e registar os tweets associados aos filmes-alvo através da correspondência de expressões regulares.

Passo 4: desenvolveram uma tendência para misturar os tweets que se seguiram.

O processo é quase como a estrutura Map cut back e pode ser aplicado conjuntamente no Hadoop. Nas suas experiências, desenvolveram uma tendência para utilizar o cluster HPCC, que já executa o sistema de lote portátil (PBS). Uma vez que desenvolveram uma tendência para se prepararem para aumentar os nós através de comandos PBS, não é necessário utilizar o Hadoop. Outra desculpa para não utilizar o Hadoop é o facto de a instalação do Hadoop poder necessitar de acesso à raiz do cluster, que tendencialmente não se tem. Este problema pode ser ultrapassado com a utilização do My Hadoop, que corre o Hadoop acima do sistema PBS, quando temos tendência para adquirir os tweets associados a trinta filmes; temos tendência para os armazenar individualmente em trinta ficheiros. Depois, temos tendência para os ordenar pela data em que o tweet foi enviado e, além disso, obtemos os tweets enviados no período anterior e 4 semanas após a data de lançamento do programa, o que pode ser considerado um "período crítico". Estes tweets reflectem o sentimento que as pessoas têm em relação ao período de lançamento do filme. Têm tendência para os utilizar na tarefa de previsão.

Têm tendência a apagar os tweets que não foram enviados em inglês. Têm tendência para utilizar a ferramenta de deteção de idiomas em https://github.com/shuyo/ldig. Os tweets "ruidosos" são uma medida inevitável nas nossas informações. São tweets que contêm a palavra-chave do programa, mas não têm nada a ver com o programa. Por exemplo, o tweet seguinte pode ser um tweet barulhento para "Avatar": #o2fail - agarrem os vossos fundos e avatares do twitter http://bit.ly/6e9Xa aqui. Mostrem o vosso apoio - 5000 assinaturas O2 still not moving.

Tentam filtrar os tweets barulhentos removendo os duplicados, uma vez que os anúncios têm por vezes uma grande quantidade de retweets. No entanto, não é possível eliminar mecanicamente todos os tweets que fazem barulho. No entanto, é possível eliminá-los através do método de etiquetagem manual. Para o conjunto de dados de 2012, podem omitir o passo de filtragem, uma vez que desenvolveram uma tendência para já o filtrarem através do método de recolha de informações. No entanto, têm tendência para continuar a ter de efetuar etapas alternativas de pré-processamento da informação.

De acordo com a sua tarefa de previsão, pretendem incitar os tweets ao longo do desenrolar do espetáculo. Têm tendência a delinear a "quantidade crítica" do espetáculo porque o período entre os períodos antes das datas de descarga do espetáculo e 4 semanas quando a data de descarga. Têm tendência para classificar os tweets de acordo com a sua hora de envio, e adquirem os tweets enviados dentro da quantidade importante para a sua tarefa de análise de sentimentos.

A análise de sentimentos tende a treinar um classificador para classificar os tweets no conjunto de controlo como positivos, negativos, neutros e digressivos. Têm tendência para utilizar o analisador de sentimentos Ling pipe para efetuar a análise de sentimentos na informação do Twitter. O analisador classifica o documento utilizando um modelo de linguagem em sequências de caracteres. A implementação utiliza um modelo de linguagem de 8 gramas. Para formar o conjunto de treino e a informação para análise, desenvolveram uma tendência para rotular os tweets com base no sentimento que transportam. Desenvolveram quatro categorias: positivo/negativo/neutro/irrelevante. Os padrões de rotulagem são medidos da seguinte forma:

Positivo: Crítica positiva do espetáculo

Negativo: Crítica negativa do espetáculo

Neutro: Nem críticas positivas nem negativas

Comentários positivos e negativos mistos: Incapaz de decidir se contém ou não críticas positivas ou negativas declarações factuais diretas, perguntas sem emoções fortes indicadas Hiperligações / todos os URL externos Irrelevantes: Não inglês Uma vez que a quantidade de tweets é grande e que não temos mão de obra humana suficiente para os etiquetar manualmente a todos, a tendência foi para escolher ao acaso duzentos tweets de todos os tweets de filmes enviados dentro da quantidade importante e etiquetá-los. No conjunto de dados de 2009, a tendência para selecionar ao acaso vinte e quatro filmes (8 êxitos, 8 fracassos e 8 médias) como conjunto de treino (4800 tweets no total). Os seis filmes opostos são utilizados como conjunto de controlo. Todas as informações de 2012 (8 filmes, duzentos tweets cada) são utilizadas como outro conjunto de controlo. Têm tendência para treinar o analisador de sentimentos utilizando o conjunto de treino e verificando cada um dos conjuntos de controlo de 2009 e 2012. Têm tendência a treinar conjuntamente um classificador naïve Bayes que vitimiza o kit de ferramentas NLTK e também o mesmo conjunto de treino e verificação. Eles desenvolveram uma tendência para usar o recurso de contagem de palavras simples. A precisão está abaixo do tubo de Ling, portanto, temos a tendência de não usá-lo em nosso experimento.

Previsão: têm tendência para utilizar as estatísticas das etiquetas dos tweets para classificar os filmes como êxito/flop/média. A sua previsão baseia-se nas estatísticas das etiquetas de sentimento dos tweets. Têm tendência para classificar os filmes em 3 categorias: êxito, fracasso e média. Eles desenvolveram uma tendência para delinear o sucesso porque a circunstância de que o lucro do espetáculo é maior do que o seu orçamento (>=20M), flop porque a circunstância de que o lucro do espetáculo é uma quantidade menor do que o seu orçamento. O caso médio é 0<; =Lucro-orçamento&<;=20M. Eles têm a tendência de desenvolver uma métrica direta referida como relação quantitativa PT-NT para prever as classes de show do sucesso. Em linha com os tweets positivos / negativos / neutros / irrelevantes dentro dos duzentos tweets de amostra escolhidos ao acaso, podemos obter a relação quantitativa de cada classe. Têm tendência para utilizar adicionalmente esta relação quantitativa para estimar os tweets positivos completos, os tweets negativos, os tweets neutros e os tweets digressivos. Têm tendência para delinear a relação quantitativa PT-NT como total de tweets positivos/total de tweets negativos. Do mesmo modo, a relação quantitativa de metal nobre é o p.c. de tweets positivos e a relação quantitativa de ONG é o p.c. de tweets negativos. Têm tendência para calcular a relação quantitativa PT-NT para cada espetáculo. Têm tendência a calcular conjuntamente a relação quantitativa do lucro para cada espetáculo para comparação. A relação quantitativa do lucro = (receita-orçamento)/orçamento. Têm tendência a utilizar um limiar difícil para avaliar o sucesso de um filme. Relação quantitativa PT-NT (mais de cinco ou adequada): o espetáculo é um sucesso Relação quantitativa PT-NT (menos de 5, mas bastante um,5): o espetáculo faria negócios médios Relação quantitativa PT-NT (menos de um,5): o espetáculo é um fracasso Embora esta métrica seja direta e preliminar, corresponde bem às classes de espectáculos de 64000 dólares nas nossas experiências.

EXPERIMENTOS

A sua experiência é composta por 3 partes:

1. Têm tendência para investigar a relação entre as variedades de tweets e também o tempo de envio, e mostram que a variedade de tweets relativos ao programa atinge claramente o seu pico à volta do lançamento do programa.

2. Têm tendência a mostrar que a curva da relação quantitativa PT-NT tem tendência constante porque a relação quantitativa do lucro.

3. Têm tendência para mostrar os resultados da análise de sentimentos que vitimizam o tubo Ling.

4. Eles têm tendência para prever oito filmes gratuitos em novembro de 2012 e avaliar a nossa previsão pelas estatísticas até à data

Variedade de Tweets vs. tempo de envio de Tweets

Investigam a relação quantitativa da "quantidade crítica de tweets". É calculada pela quantidade de tweets enviados em quantidade importante / o número total de tweets que têm. Para muitos casos (20 em trinta filmes), esta relação quantitativa é bastante elevada. Há uma tendência para investigar as excepções e há três razões principais:

1) O nome da série é composto por palavras bastante comuns, pelo que existe uma variedade exagerada de tweets "ruidosos". Eles já têm tendência para tentar evitar filmes como "Up", mas parece que a série "Year One" continua a sofrer deste inconveniente.

2) O espetáculo foi gratuito no mês do calendário gregoriano ou no mês do calendário gregoriano, pelo que têm tendência a não ter alguns dos tweets enviados dentro da quantidade importante.

3) Alguns filmes são tão difundidos que as pessoas os mencionam mesmo que tenham sido gratuitos durante um mês. Por exemplo, "A Idade do Gelo: A Alvorada dos Dinossauros" e "A Saga Twilight: Lua Nova". Em média, os filmes de "sucesso" recebem muitos tweets do que os filmes "fracassados" e "medianos". Este facto coincide com a nossa intuição. A tendência é mostrar a relação entre o tempo de envio e a variedade de tweets sobre "Harry Potter e o Príncipe Mestiço" aqui. No gráfico, o eixo X é a variedade da semana, e também o eixo Y é a variedade de tweets enviados ao longo dessa semana. Eles têm tendência a delinear a semana zero porque a semana em que o espetáculo foi gratuito. A semana - um par de significa que as 2 semanas são antes da semana zero, e a semana um par de significa que as 2 semanas são quando a semana zero, .etc.

Conclusão

Fizeram um estudo preliminar sobre a análise do sentimento de vitimização para prever o sucesso de bilheteira de um filme. Os resultados mostram que o sucesso de bilheteira é frequentemente previsto através da análise do sentimento dos filmes com métricas simples e uma precisão bastante sensível. Os autores têm tendência para perceber que pode haver uma questão que afecta o sucesso de bilheteira de um filme; no entanto, desenvolveram uma tendência para pensar na análise de sentimentos durante este trabalho. Como a análise de sentimentos no próprio twitter pode ser um tópico difícil, eles têm tendência a sentir que há uma longa lista de trabalhos futuros.

No entanto, este inconveniente é, por si só, um espaço estimulante e promissor. Alguns dos estrangulamentos com que se depararam foram:

A. há limitações nas Apis do Twitter (por exemplo, 1500 tweets/dia). Têm tendência a não dispor de recursos informáticos suficientes para rastrear a informação, o que pode acabar por associar a previsão de uma variedade imprecisa de tweets.

B. um amontoado de spam e de ruído, incluído em duzentos tweets escolhidos ao acaso.

C. Têm tendência para não ter em consideração toda a variedade de tweets na nossa métrica de previsão.

D. O analisador de sentimentos que tendem a utilizar tem uma precisão bastante baixa.

Trabalho futuro que pode ser feito para aumentar a fiabilidade e a precisão do seu modelo de previsão:

2.5 Previsão das classificações dos lançamentos de novos filmes a partir do conteúdo do Twitter. [5]

O conhecimento textual do Twitter será visto como uma fonte aprofundada de dados relativos a um conjunto particularmente vasto de assuntos. Com muitos utilizadores a expressarem-se ativamente online, é gerada diariamente uma grande quantidade de informação. Uma vez que este conhecimento é constituído, em grande parte, por expressões humanas, o conhecimento do Twitter será visto como um valioso conjunto de opiniões ou sentimentos humanos, que podem ser extraídos mecanicamente com uma precisão comparativamente elevada. A análise automática de sentimentos tem sido aplicada a vários domínios totalmente diferentes, mostrando cada preço científico e industrial. A análise de sentimentos pode ser uma abordagem poderosa para descobrir a perspetiva do público em relação a uma série de entidades, juntamente com empresas e governos (Pang & Lee, 2008). Embora de natureza transitória, os tweets fornecem dados relativos à apreciação geral dessas entidades. Este facto foi incontestável num estudo que incidiu sobre toda a gestão e também sobre o poder dos tweets como boca-a-boca eletrónico. A análise de sentimentos é geralmente tratada como uma tarefa de classificação, prevendo mecanicamente categorias semelhantes a valores de sentimentos. Para além de extrair sentimentos através da classificação, o conhecimento da matéria provou ser útil em tarefas de aprendizagem automática orientadas para a previsão de valores numéricos. Este tipo de extração de texto prognóstico foi aplicado de forma muito útil às ciências sociais, criando previsões de custos de acções com base em comunicados de imprensa. Do mesmo modo, a extração de texto foi também utilizada para prever as receitas de bilheteira de filmes, utilizando um corpus de tweets. Este estudo tem como objetivo continuar a explorar as capacidades de prognóstico do conhecimento do Twitter, utilizando um corpus de tweets para prever a classificação de inúmeros filmes recentemente gratuitos na IMDb. A previsão de pontuações no IMDb através do conhecimento das redes sociais já foi explorada anteriormente. No entanto, este estudo distingue-se dos anteriores por se centrar exclusivamente no conhecimento material do Twitter, em vez do conhecimento não material de diferentes redes sociais. Para explorar as capacidades de prognóstico dos tweets, foram realizadas muitas experiências de aprendizagem automática para este estudo. Estas incluem experiências de regressão para prever a classificação IMDB do espetáculo de filmes em movimento. Em alternativa, este estudo explora conjuntamente a previsão de categorias semelhantes a um conjunto de valores numéricos: uma abordagem de classificação. Cada uma das formas de regressão e de classificação revelou-se útil no domínio da extração de texto, especificamente no que diz respeito ao sentimento dos utilizadores.

Metodologia

Para este estudo, foram realizadas várias experiências de aprendizagem automática. Estas experiências exigiram a recolha e o pré-processamento do corpus do Twitter, que será brevemente mencionado nas secções seguintes, tal como a configuração experimental.

Conhecimento do sortido e do processo

Os tweets foram recolhidos através da API do Twitter. Entre o dia trinta de março de 2015 e o dia vinte e oito do mês do calendário gregoriano de 2015, foram recolhidos Tweets que mencionavam um entre sessenta e oito filmes recentemente gratuitos. O IMDB de inúmeros desses filmes variava de 5,0 a 8,9 em 10. Para eliminar tweets pouco informativos, todos os retweets e tweets com hiperligações foram excluídos do conjunto de dados. Da mesma forma, todos os nomes de utilizador do Twitter foram retirados dos tweets. Todos os títulos de espectáculos de imagens em movimento foram substituídos pela cadeia: "<TITLE>" e os tweets foram guardados em tuplas com a pontuação de classificação IMDb correspondente. Após o pré-processamento da informação, o corpus era constituído por 118 521 tweets utilizáveis para a experimentação. Este corpus anónimo, pré-processado, foi criado e pode ser obtido em linha: ('acabei de ver <TITLE> pela primeira vez. filme completamente fantástico.', 8,5) e ('<TITLE>' seria um espetáculo de cinema honesto se não fosse tão mau', 5,4). As pontuações de classificação do IMDb serviram como valores-alvo nas experiências de regressão. Para as experiências de classificação, foram criadas categorias como valores-alvo. As categorias subsequentes são retiradas das pontuações da IMDb e foram criadas para as tarefas de classificação:

"Muito elevado": 8.0 e superior a (cerca de 29K tweets)

"Elevado": entre 7,0 e 8,0 (cerca de 42 mil tweets)

' Média: entre 6,0 e 7,0 (cerca de 31 mil tweets)

"Baixo": entre 5,0 e 6,0 (cerca de 16 mil tweets)

Utilizaram um conjunto de desenvolvimento de controlo de 3400 tweets para otimizar os parâmetros das experiências de aprendizagem automática.

Configuração experimental

O módulo Python Sci-Kit Learn foi escolhido como a ferramenta para as experiências de aprendizagem automática.2 O Sci-Kit Learn oferece opções para numerosos algoritmos de aprendizagem automática utilizáveis para cada tarefa de regressão e classificação. Este módulo é uma ferramenta conveniente para as nossas tarefas de aprendizagem automática. Para as experiências de aprendizagem automática, tendemos a utilizar as opções de assuntos dos tweets como entrada e as pontuações de desempenho após uma validação cruzada de 10 vezes como saída, à semelhança de experiências anteriores neste domínio. Para as tarefas de regressão, foi utilizado o erro quadrático médio (MSE) como métrica de desempenho, uma vez que esta métrica tem em consideração a gravidade dos erros de previsão. Para esta métrica, pontuações mais baixas significam resultados mais elevados (Witten, Frank, & Hall, 2011). As tarefas de classificação utilizaram os Fl-scores para avaliar o desempenho (Witten, Frank, & Hall, 2011). Uma vez que o nosso conhecimento não está igualmente distribuído entre as categorias (os filmes populares geram muitos tweets), as nossas experiências utilizaram linhas de base para comparação que têm em consideração a distribuição do conjunto de dados. Os desempenhos de regressão foram comparados com um desempenho de linha de base de previsões suportadas pela média dos valores-alvo. Os desempenhos de classificação foram comparados com o desempenho de base de previsões estratificadas: um classificador que produz previsões que suportam a distribuição de informações sobre as categorias.

As caraterísticas foram criadas a partir do conteúdo material dos tweets. Os N-gramas dos tweets foram transformados em vectores TF-IDF numéricos, à semelhança da experiência de prospeção de texto prognóstica de Mittermayer (2004). Os vectores TF-IDF foram incorporados de modo a aplicar adequadamente pesos aos termos do nosso corpus. As experiências foram realizadas com vários intervalos de n gramas como base para os vectores TF-IDF. A utilização de unigramas, bigramas, trigramas e misturas desses n-gramas foi explorada em experiências num conjunto de desenvolvimento de controlo. Além disso, a utilização de stemming foi explorada aplicando um Porter Stemmer do módulo Python NLTK.3 Isto foi usado para reduzir a complexidade do modelo. Os vectores TFIDF feitos para os n-gramas (stemmed) foram usados como entrada de treino para os algoritmos de aprendizagem automática.

Algoritmos de aprendizagem automática

Para cada tarefa de regressão e classificação, foram utilizados muitos algoritmos totalmente diferentes para experimentação. Para as tarefas de regressão, tendem a utilizar as implementações de regressão rectilínea (LR) e de regressão de vetor de suporte (SVR) do Sci-Kit Learn. Cada algoritmo foi utilizado com êxito em experiências anteriores. A LR foi utilizada numa experiência anterior relacionada com a previsão das pontuações de classificação do IMDb. O SVR foi igualmente utilizado para prever pontuações de sentimento ordinais. Para tarefas de classificação, foram utilizadas a classificação por vectores de suporte (SVC) e a classificação por gradiente descendente aleatório (SGD). A SGD é tida em conta como uma regra algorítmica útil para experiências com grandes quantidades de conhecimento de treino. Tal como a SVR, a utilização de máquinas de vectores de apoio permite obter limites de chamada corretos para tarefas de classificação (Gunn, 1998). A implementação do SGD utilizou uma operação de perda articulada, a mesma que a operação de perda utilizada no SVC.

Para cada SVR e SVC, foi efectuada uma pesquisa automática em grelha no conjunto de eventos para determinar os parâmetros óptimos. Esta pesquisa em grelha mostrou que, para cada SVR e SVC, um kernel linear e um preço C de 1,0 para o retificador de junção conduzem aos resultados de desempenho mais simples.

Resultados

Embora cada experiência de regressão e classificação tenha utilizado opções constantes, os desempenhos foram totalmente diferentes entre as tarefas de regressão e classificação. Esta secção apresenta os resultados para as configurações de jogo mais simples para cada tarefa de regressão e classificação.

As melhores configurações de regressão mostram uma melhoria comparativamente maciça em relação à linha de base, como se pode ver na Tabela 1. Os resultados mostram que os resultados de regressão mais simples foram obtidos através da aplicação da regra algorítmica SVR a misturas de unigramas, bigramas e trigramas com haste. Para as três melhores configurações, as misturas de n-gramas produziram os resultados mais simples, uma vez combinadas com a stemização. A experimentação com quantidades totalmente diferentes de conhecimentos de treino mostra que os resultados melhoram com quantidades maiores de informação. A Figura 1 mostra a curva de treino para a configuração de regressão de jogo mais simples, com uma validação cruzada de 10 vezes para cada experiência. A configuração de jogo mais simples utilizou misturas de unigramas, bigramas e trigramas e também a regra algorítmica SVC. As três melhores configurações de jogo mostram que a mistura desses ngramas é a que produz os resultados mais simples. No entanto, a utilização de stemming não é continuamente necessária para obter um desempenho comparativamente elevado, como mostra a configuração de jogo rival. Experiências com quantidades totalmente diferentes de conhecimento de treino para a configuração de classificação de jogo mais simples mostram que mais conhecimento retificativo de junção para resultados mais elevados. Estas experiências utilizaram mais uma vez a validação cruzada 10 vezes para cada experiência. Conclusão

Como mostram os resultados das experiências, as pontuações das classificações da IMDb podem ser previstas de forma definitiva através de uma abordagem de aprendizagem automática supervisionada. Cada uma das previsões de pontuações de classificações numéricas tangíveis e também a previsão de categorias semelhantes a uma dispersão de pontuações numéricas alcançaram um grau de sucesso definitivo em comparação com as suas linhas de base individuais. Isto foi conseguido através da utilização de misturas de unigramas, bigramas e trigramas. Embora esta junção de configurações retifique uma melhoria na linha de base das previsões médias, que alcançou um MSE de 0,998, ainda há espaço para melhorias. a configuração de jogo mais simples de Oghina, Breuss, Tsagkias, & Delaware Rijke (2012) alcançou um RMSE de 0,523 para a previsão de pontuações de classificação IMDb, que interpreta um MSE de 0,273. Este modelo supera claramente a sua maior configuração de jogo. No entanto, as suas experiências centram-se exclusivamente em opções de matéria derivadas do Twitter, em vez de em conjunto com opções numéricas de diferentes redes sociais. Além disso, no seu modelo, foram utilizados cerca de 1,6 milhões de tweets, ao passo que este estudo utilizou um conjunto de dados constituído por cerca de 118 mil tweets. O nosso modelo não é o melhor modelo de previsão para as pontuações da IMDb, mas mostra que as opções de matéria são úteis para este tipo de previsão.

Os resultados da classificação mostraram conjuntamente que a previsão de tweets de vitimização de pontuações de classificação IMDb como conhecimento de treino terá um grau de sucesso definido. A configuração de jogo mais simples teve uma pontuação AN F1 de 0,534, enquanto a linha de base estratificada alcançou uma pontuação AN F1 de 0,274, apoiando as previsões de acordo com a distribuição de categorias do conhecimento de treino. Os seus resultados de classificação serão comparados com diferentes estudos que efectuaram tarefas de classificação. O estudo de Agarwal, Xie, Vovsha, Rambow, & Passonneau (2011) explorou a classificação de 3 vias para a análise de sentimentos. O seu melhor modelo de jogo obteve uma pontuação F1 de 0,605. Isto é frequentemente mais do que a nossa maior pontuação de jogo, no entanto, note-se que as nossas experiências lidaram com uma variável alvo adicional. É ainda de notar que este estudo lida com uma série de análises de sentimentos gerais, enquanto o nosso estudo está especificamente orientado para a previsão de categorias semelhantes às pontuações IMDb. Os seus resultados mostram que uma abordagem de classificação será útil na previsão destas categorias. Embora este estudo tenha mostrado alguns resultados fascinantes relacionados com as capacidades de prognóstico dos tweets, ainda há muita área para análise futura. Há muitas perspectivas a explorar relacionadas com o conjunto de dados, os algoritmos e também as opções. As curvas de aprendizagem mostram que, aparentemente, não foi utilizada a quantidade ideal de informação nestas experiências, o que é um aspeto a explorar. Além disso, este estudo mostra que a utilização de stemming e de misturas de n-gramas deve ser explorada.

Este estudo mostra que a vitimização apenas das opções de matéria não é a técnica ideal para prever pontuações no IMDb, porque o modelo de Oghina, Breuss, Tsagkias e Delaware Rijke (2012) supera claramente as nossas configurações, que aumentaram apenas as opções de matéria de vitimização. Para análises futuras, se o objetivo for otimizar estas previsões, é claro que aumentar as opções de matéria é inteligente, por exemplo, em conjunto com dados dos tweets. Um sistema que funcione bem e que utilize o conhecimento das redes sociais pode funcionar como um instrumento de medição que preveja a apreciação de filmes recentemente gratuitos. Um sistema deste género daria simultaneamente uma visão das opiniões de uma população distinta da Web, em vez de apenas dos eleitores da IMDb. Uma vez que nos concentramos especificamente nas capacidades de prognóstico do conhecimento de matéria do Twitter, há diferentes escolhas a contemplar para análise futura. As opções utilizadas nas suas experiências revelar-se-ão valiosas, mas devem ser exploradas escolhas totalmente diferentes. Por exemplo, a utilização de n gramas de caracteres pode ser útil. Da mesma forma, a relação quantitativa de tweets positivos e negativos como caraterística poderia causar previsões mais elevadas. Isto pode exigir uma primeira classificação do sentimento nos tweets, antes de tentar prever as pontuações IMDb. Para além dos prospectos adicionais relacionados com as dimensões do conjunto de dados e da engenharia, podem ainda ser explorados diferentes algoritmos de aprendizagem automática. Algoritmos totalmente diferentes são mais bem adaptados a conjuntos de conhecimentos de várias dimensões; o seu preço é investigar que algoritmos causam o desempenho mais simples para várias dimensões de dados de treino. Através de uma análise contínua neste domínio, as perspectivas de prognóstico dos tweets serão exploradas, descobertas e aplicadas, não apenas para as pontuações IMDb, mas para muitos outros domínios.

CAPÍTULO 3

TRABALHO PROPOSTO

3.1 Visão geral

O sistema global pode ser concebido nas seguintes fases

1. Coleção de tweets

2. Classificação dos tweets

3. Classificação dos filmes.

3.2 Coleção de tweets

Os dados do Twitter podem ser acedidos através da API pública fornecida pelo Twitter. Estas APIs só podem ser acedidas através de pedidos de autenticação, que devem ser assinados com um ID de início de sessão e uma palavra-passe válidos. O Twitter fornece chaves de autenticação para extracções dos tweets. Temos de seguir alguns passos para criar chaves de autenticação.

i. Criar uma aplicação no twitter.

ii. Gerir a aplicação

iii. Altere as permissões para leitura e escrita.

iv. Recuperar chaves de autenticação.

i. Primeiro, criamos uma aplicação no Twitter, iniciando sessão em https://apps.twitter.com/app/new

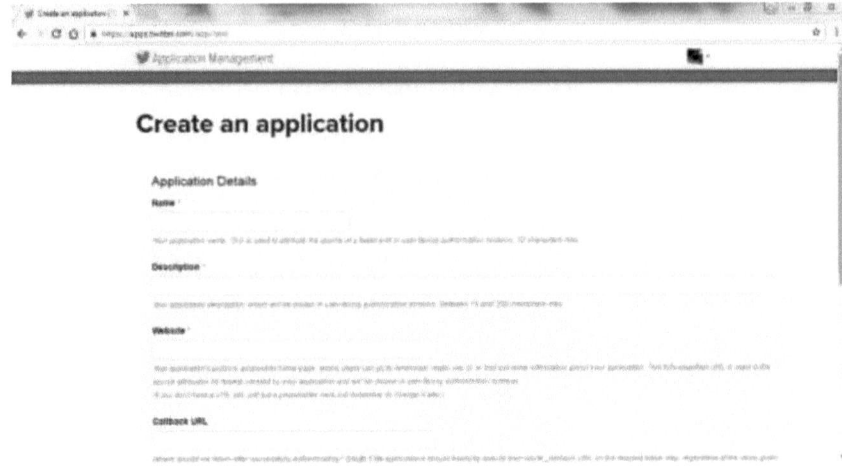

Fig 3.1 Criar uma aplicação no twitter

ii. Segundo passo: temos de gerir a aplicação

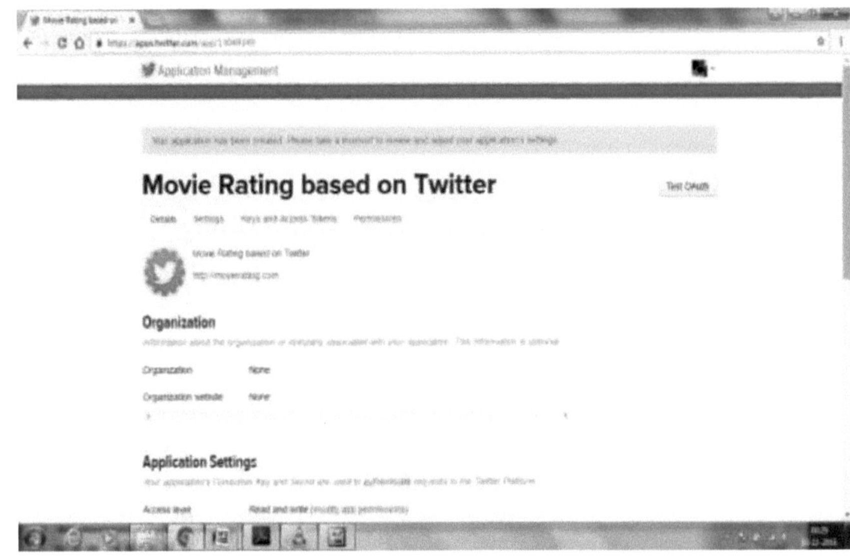

Fig 3.2 Gerir a aplicação twitter

Fig 3.3 Gerir as permissões das aplicações do twitter

iii. No terceiro passo, altere as permissões da aplicação para leitura e escrita.

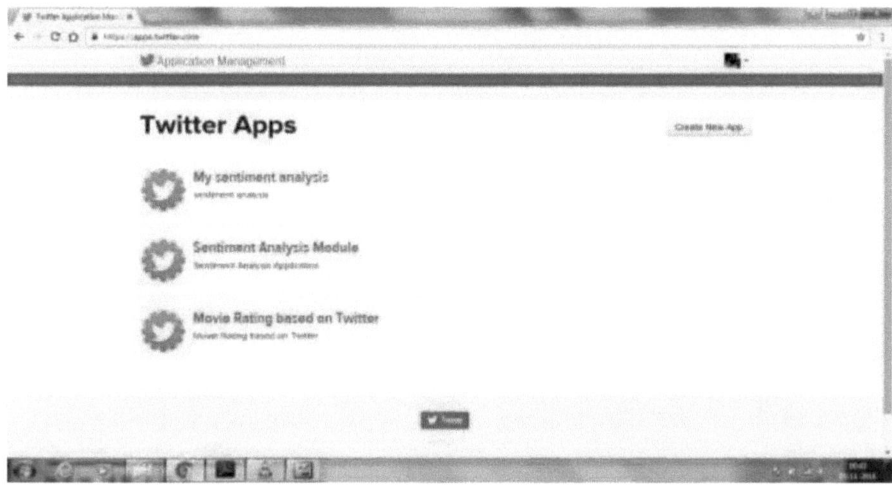

Fig 3.4 Aplicação twitter final criada

iv. Após a conclusão do desenvolvimento desta aplicação, temos as seguintes chaves únicas que são necessárias para ir buscar tweets ao twitter

a. Chave do consumidor:

YJitRN8fOXL8XlaF27E5C3Vea

b. Chave secreta do consumidor:

WKBDrP6h2vmBE0TUDQmW0ezM4zyTbaLZV0PvZQ01 JUJyfWhg4i

c. Token de acesso:

312527191-MxVO62sw6ISjt0VxYB4BcdYQdHWsvlKb12skL7mG

d. Segredo do token de acesso:

MBlTu62src0A4BY0Kuo3XMyC0kLUG4mU4jvEOdD2cAeib

Com a ajuda destas chaves de autenticação, extrairemos os tweets utilizando a aplicação java swing e guardaremos esses tweets na base de dados MySql. Os tweets extraídos do twitter têm informações completas, como a data do tweet, o ID do tweet, o ID do utilizador, a contagem de retweets, etc. Utilizaremos apenas a data do tweet, o ID do tweet e o tweet. Acrescentaremos mais duas colunas, a data de lançamento e a data de adição, para obter informações adicionais sobre a análise do filme.

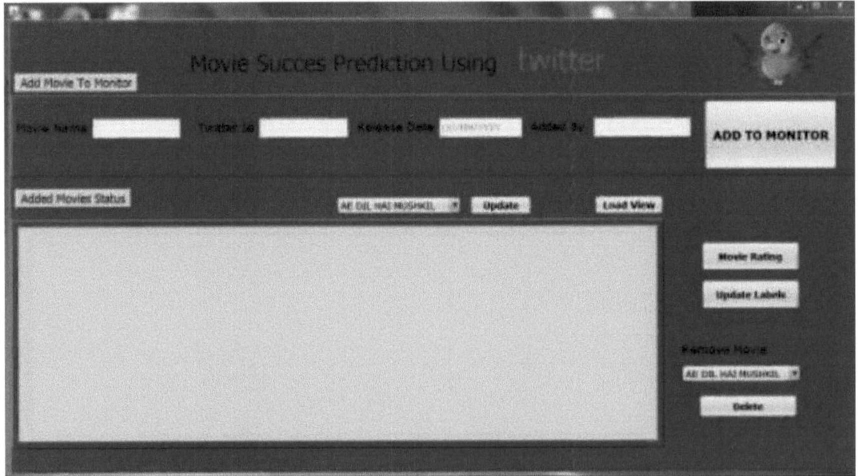

Fig 3.5 Adicionar novo filme para monitor na aplicação

Criámos a nossa aplicação com base no NetBeans IDE. Nesta, criámos uma interface para extrair os tweets utilizando a API do Twitter. Integrámos esta API na nossa aplicação de modo a obter todos os tweets relacionados com um determinado filme e todas as notícias e comentários relacionados com esse filme. Há muitas limitações relacionadas com esta API, uma vez que esta extrai tweets limitados, aproximadamente cem tweets de uma só vez. Mas os tweets são recolhidos para a base de dados, uma vez que temos uma base de dados MySql no nosso back end.

Para recolher os tweets relacionados com um determinado filme, primeiro temos de adicionar os pormenores do filme ao nosso software.

Temos de adicionar o twitter Id do filme a partir do twitter e todos os tweets são extraídos do twitter. Temos de atualizar os tweets do filme estabelecendo a ligação com o twitter a partir da nossa aplicação e, em seguida, todos os tweets recentes são adicionados à nossa base de dados. Também calculámos a popularidade do filme no momento em que extraímos os tweets.

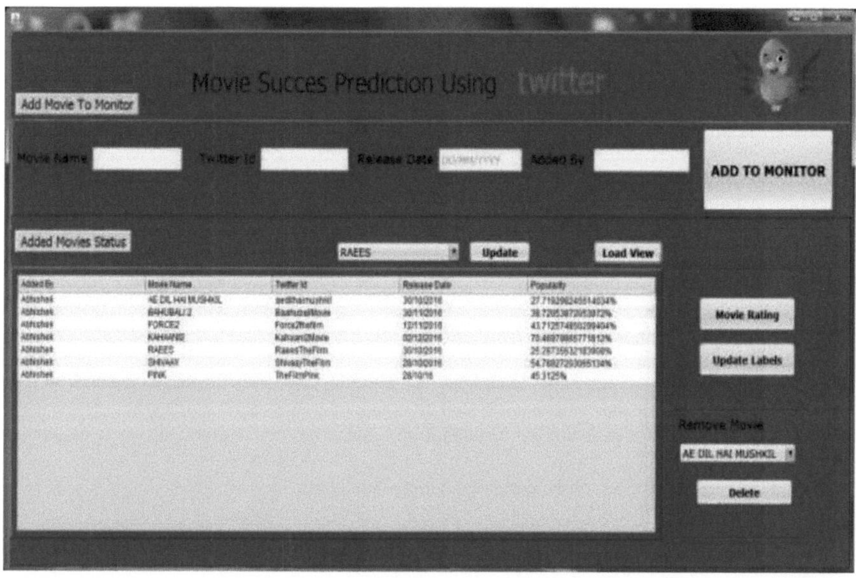

Fig 3.6 Prever a popularidade do filme na aplicação

3.3 Classificação dos tweets

A minha aplicação extrai tweets obtidos do Twitter e armazena também o sentimento associado ao tweet na base de dados. O sentimento de um tweet é classificado como positivo, negativo ou neutro. Neste módulo, classifico cada tweet como positivo, negativo, neutro e irrelevante. Sempre que se pretende prever a classificação ou calcular a popularidade de um filme, calcula-se também a classificação de cada tweet. Para além dos tweets obtidos a partir do Twitter, a aplicação também calcula o sentimento associado ao tweet. Para o efeito, o tweet é dividido em diferentes tokens separados por espaço e cada token é comparado com o nosso conjunto predefinido de sacos de palavras positivas e negativas. Após a comparação dos tokens, determinamos o número total de tokens positivos e negativos no tweet. Contar o número total de tokens positivos e negativos no tweet e rotulá-los como p e n, respetivamente. Calcular o valor do rácio como o número total de tokens positivos em relação ao número total de tokens positivos e negativos.

ratiio = p/ (p + n)

S.N.	Ratio	Tweet Etiqueta
i.	rácio>0,5	Positivo
ii.	rácio=0,5	Neutro
iii.	rácio<0,5	Negativo
iv.	rácio=0/0 (p==0 e n==0)	Irrelevante

Tabela 3.1 Tabela para etiquetas de Tweets

3.4 Saco de palavras

Nesta aplicação, desenvolvemos um módulo que é utilizado para criar sacos de palavras a partir dos tweets de filmes antigos. Criamos dois sacos de palavras positivas e negativas, que são a espinha dorsal da nossa aplicação. Cada tweet que extraímos do twitter deve ser categorizado como tweet positivo ou negativo. Temos um módulo de atualização de palavras positivas e negativas na minha aplicação. Neste módulo, se quisermos acrescentar uma palavra positiva ou negativa, se essa palavra já existir na base de dados do saco de palavras, não é actualizada.

3.5 Procedimento para criar um saco de palavras

O procedimento de criação do saco de palavras é efectuado com a ajuda de tweets de filmes antigos. Analisamos o tweet e tokenizamos o tweet. Após a tokenização, extraímos a palavra que será utilizada para especificar que este tweet será positivo ou negativo. Depois de obter a etiqueta, adicionamos o token ao saco positivo ou negativo. Se a palavra já tiver sido adicionada anteriormente, aparece a mensagem de que a palavra já existe na base de dados. Isto também é mostrado na Fig. 3.7, onde armazenámos previamente todos os sacos de palavras positivas e negativas e, quando encontramos uma palavra nova do filme antigo que é utilizada para sentimento positivo ou negativo, actualizamos a nossa base de dados.

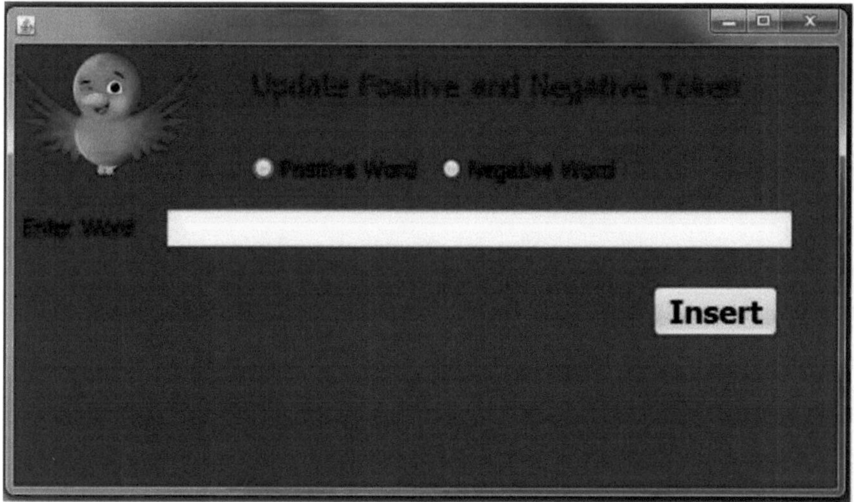

Fig 3.7 Atualizar o saco de palavras na aplicação para etiquetagem de tweets

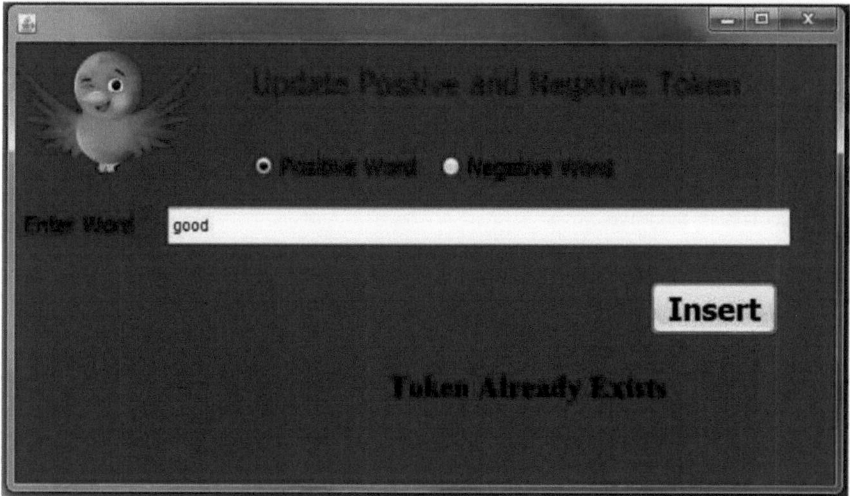

Fig 3.8 Atualizar o saco de palavras na aplicação para etiquetagem de tweets

3.6 Algoritmo para classificação de tweets

1. Extrair o tweet do twitter usando a API do Twitter.

2. Armazena os tweets na base de dados. Cada tweet tem uma identificação única e uma data de tweet que também é armazenada na base de dados.

3. Para cada tweet, é necessário especificar a etiqueta do tweet. As etiquetas dos tweets são positivas, negativas, neutras e irrelevantes.

4. Calcular o valor de p e n, ou seja, o número total de palavras positivas e negativas obtidas através da comparação de cada palavra armazenada na nossa coleção de palavras positivas e negativas recolhidas manualmente.

5. Classificar a etiqueta do tweet de cada tweet utilizando a seguinte fórmula

```
ratio= p/ (p + n)

If (ratio>0.5)
{
    Tweet label="positive";

}

If (ratio==0.5)
{
    Tweet label="neutral";

}

If (ratio<0.5)
{
    Tweet label="negative";

}

If (p==0 and n==0)
{
    Tweet label="irrelevant";
}
```

6. Aqui p e n são o número total de palavras positivas e negativas obtidas através da comparação de cada palavra armazenada na nossa coleção de palavras positivas e negativas recolhidas manualmente.

Neste algoritmo, também actualizaremos manualmente o nosso conjunto de palavras positivas e negativas. Ao atualizar as palavras positivas e negativas, a eficiência do algoritmo também aumenta.

3.7 Classificação de filmes

A classificação é calculada pelo número total de tweets positivos em relação ao total de tweets. Este processo foi concebido para que a classificação seja tão correta quanto possível, uma vez que permite obter as opiniões mais recentes sobre o filme em causa e a conversa no Twitter sobre a popularidade e as críticas ao filme. A API do Twitter contém um limite de taxa que limita a seleção de conhecimentos a cem tweets por pedido. A classificação calculada obtém uma correção adicional quando a escala do conjunto de dados aumenta. A pergunta é executada assim que os novos tweets também são inseridos, pelo que irá recolher cada um dos novos resultados, bem como as pistas existentes para a informação.

A classificação do filme é incrivelmente necessária para o espetador, com a ajuda da marca qualquer espetador decidirá se vai ou não optar pelo filme ou não. Há uma grande quantidade de sites de classificação de filmes existentes, no entanto, o mais importante para a vitimização do nosso pacote é prever a classificação do filme nos tweets extraídos do twitter, que podem ser opiniões actuais sobre os filmes. Assim, inicialmente, tendemos a raciocinar a opinião de cada utilizador numa base individual e a gerar a opinião do filme e a fornecer uma classificação por estrelas. Temos uma classificação máxima de cinco estrelas para cada filme e dez pontos para cada filme. A classificação do filme será calculada conforme descrito na secção 3.7.1.

3.7.1 Fórmula para calcular a classificação do filme

Para calcular a classificação dos filmes, ignorámos os tweets neutros e irrelevantes, uma vez que estes não são úteis para qualquer tipo de informação para a crítica de filmes.

A classificação em 10 é calculada através da seguinte fórmula

Classificação = ((total de tweets positivos) / (total de tweets positivos + total de tweets negativos))*10)

É uma fórmula simples que resume a polaridade dos tweets através do cálculo da média dos positivos. A fórmula acima para a classificação de um filme é calculada em 10. Temos de a escalar para uma classificação de cinco estrelas da seguinte forma.

S.N.	Classificação em 10	Classificação de cinco estrelas
1	classificação<2,0 e classificação >=0	1 estrela
2	classificação>=2 e classificação<3.0	2 estrelas
3	classificação>=3 e classificação<4	2,5 estrelas
4	classificação>=4 e classificação<5	3 estrelas
5	classificação>=5 e classificação<6.0	3,5 estrelas
6	classificação>=6 e classificação<8	4 estrelas
7	classificação>=8 e classificação<9	4,5 estrelas
8	classificação>=9 e classificação<=10	5 estrelas

Tabela 3.2 Tabela de classificação de filmes

3.8 Algoritmo para classificar filmes

1. Atualizar os tweets e o hashtag de um filme com o id do twitter e guardá-lo na base de dados.

2. Selecionar todos os tweets e hashtags da base de dados com o mesmo twitter id e aplicar o algoritmo de classificação de tweets.

3. Classificar todos os tweets e armazenar os tweets com etiquetas de tweet como positivo, negativo, neutro e irrelevante.

4. Ignorar os tweets neutros e irrelevantes. Os tweets neutros não especificam qualquer sentimento positivo ou negativo, uma vez que criam uma situação de ambiguidade, e os tweets irrelevantes não especificam qualquer sentimento.

5. Calcule o valor da classificação como

rating = ((total de tweets positivos) / (total de tweets positivos +total de tweets negativos))*10)

```
if (rating<2.0 and rating >=0)
{
Movie rating = 1 star
}
if ( rating>=2 and rating<3 )
{
Movie rating = 2 star
}
if (rating>=3 and rating<4 )
{
Movie rating = 2.5 star
}
if (rating>=4 and rating<5 )
{
Movie rating = 3 star
```

```
}
If (rating>=5 and rating<6)
{
Movie rating = 3.5 star
}
If (rating>=6 and rating<8 )
{
Movie rating = 4 star
}
If (rating>=8 and rating<9)
{
Movie rating = 4.5 star
}
If (rating>=9 and rating <=10)
{
Movie rating = 5 star
}
```

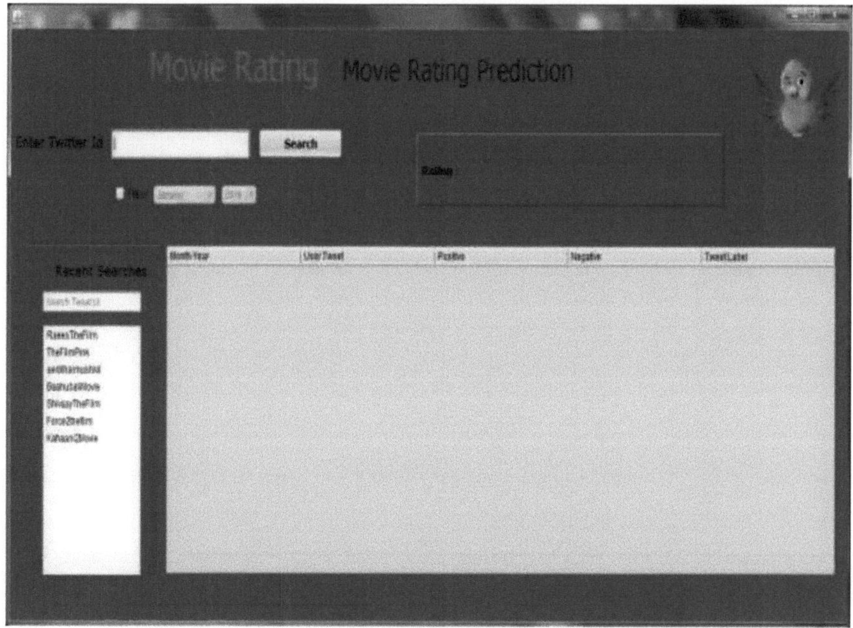

Fig 3.9 Previsão de classificação de filmes

Para a previsão da classificação dos filmes, criámos um módulo que permite selecionar qualquer filme e todos os tweets relacionados com esse filme são carregados no algoritmo com hash tags do filme, de modo a que todas as críticas sejam adicionadas ao filme em causa e se calcule uma classificação mais precisa e exacta. Como mostra a figura 3.9, quando nenhum filme é selecionado, a classificação fica em branco.

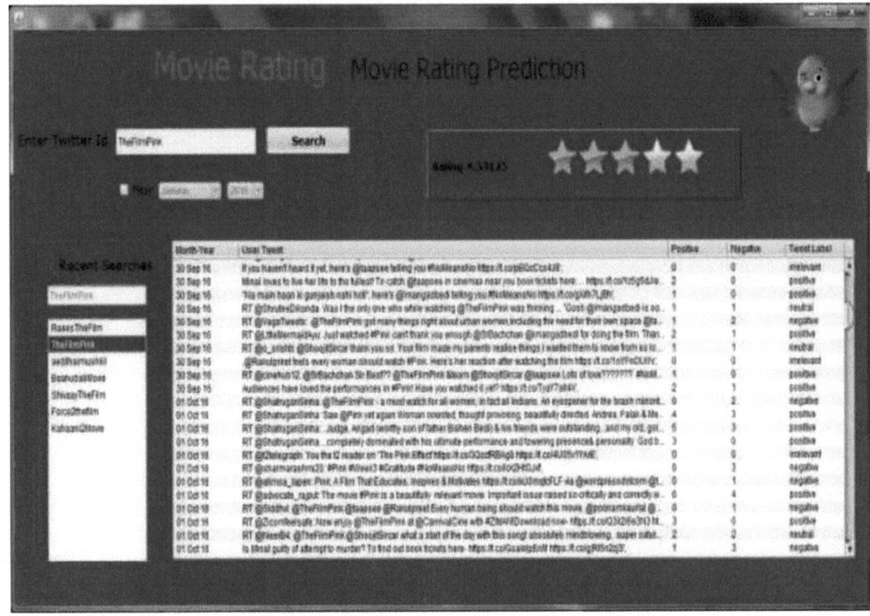

Fig 3.10 Previsão da classificação do filme para o filme selecionado

Quando procuramos um determinado filme, que é o twitter id do filme, a classificação é calculada com a ajuda do algoritmo. Na figura 3.10, quando o filme "pink" é selecionado, é carregado todo o tweet relacionado com o filme "pink" e é calculada a classificação do filme em 4,53 de 10 e é atribuída uma classificação de 3 estrelas ao filme "pink" de 5 estrelas.

CAPÍTULO 4

RESULTADOS EXPERIMENTAIS E ANÁLISE DE DESEMPENHO

O desempenho desta aplicação é avaliado através da comparação dos seus resultados com os resultados de sítios Web populares de classificação de filmes, como o IMDB e o Rotten Tomatoes.

O IMDB é uma informação na Internet de dados associados a filmes, televisão, programas, etc. O local permite que os utilizadores registados classifiquem qualquer filme numa escala de um a dez, exceto para escrever críticas sobre o mesmo. O local apresenta uma média ponderada das classificações dos utilizadores e apresenta-a junto ao título do filme. Este sítio Web tem 6,05 visualizações diárias de páginas por viajante [7] e uma média de quinze milhões de pessoas visitam o sítio Web por mês.

O Rotten Tomatoes pode ser um sítio Web dedicado a críticas e notícias sobre filmes. Oferece 2 tipos de pontuações para filmes - a pontuação mista dos críticos do medidor Tomato e a pontuação do público. A pontuação mista da Crítica reflecte as críticas e classificações de vários escritores de jornais ou daqueles que pertencem a associações de críticos de cinema. A pontuação do público é calculada com base nas críticas e classificações dos utilizadores. Para efeitos de confirmação desta aplicação, apenas a pontuação do público é tida em conta. O registo é gratuito, mas o local pede autorização para consultar os perfis das redes sociais dos utilizadores. Obtém 3,60 visualizações diárias de páginas por viajante e uma média de treze milhões de pessoas visitam o sítio Web por mês. [8].

4.1 Comparação da classificação do Twitter com o IMDB e o Rotten Tomatoes

A classificação calculada para vários filmes lançados através da recolha de tweets relacionados com o filme é armazenada na nossa aplicação e a classificação em tempo real do filme é calculada e representada em forma de tabela e graficamente da seguinte forma

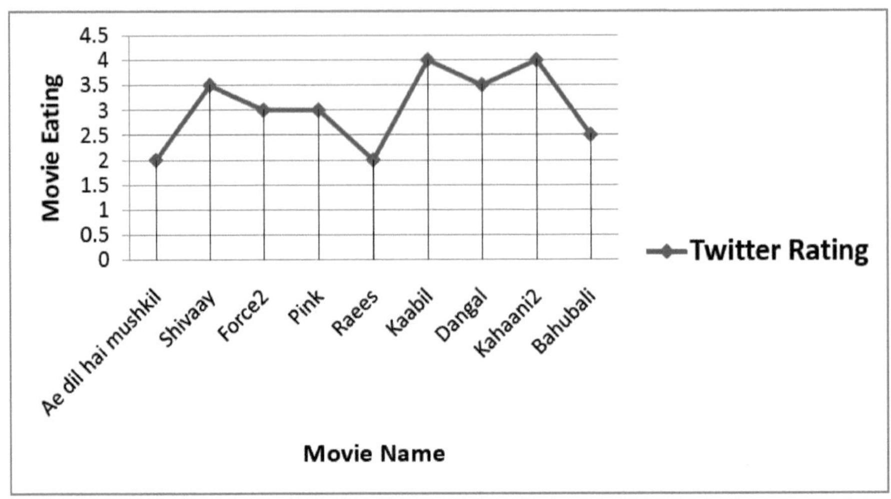

Fig 4.1 Classificação do Twitter para filmes

A figura 4.1 mostra graficamente a classificação dos vários filmes de Bollywood. Esta classificação é calculada com a ajuda de um algoritmo.

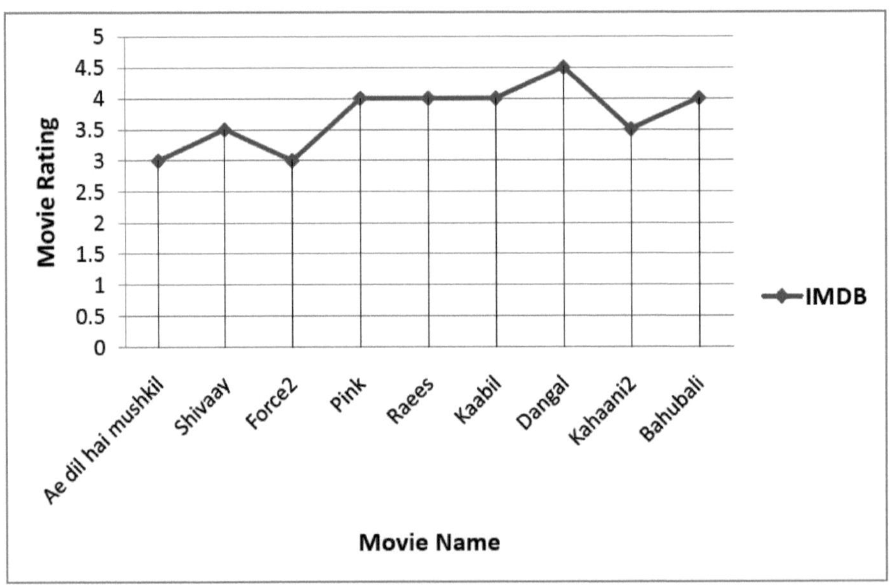

Fig 4.2 Classificação IMDB para filmes

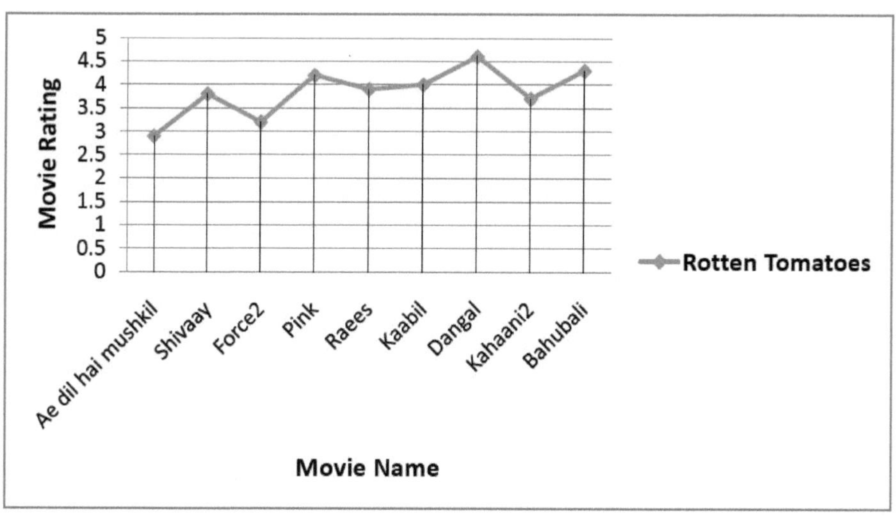

Fig 4.3 Classificação Rotten Tomatoes para filmes

A classificação calculada por esta aplicação está a ser comparada com a classificação IMDB e a classificação Rotten Tomatoes para o mesmo filme. A Figura 4.4 mostra um gráfico que compara as classificações de 9 filmes aleatórios lançados recentemente. O gráfico tem os filmes no eixo X e as classificações de 5 no eixo Y. Mostra que as classificações do Twitter da aplicação seguem os mesmos pontos altos e baixos que as dos outros dois sítios Web.

As classificações recolhidas mostram que a aplicação de classificação do Twitter está a seguir tendências semelhantes às do IMDB e do Rotten Tomatoes.

Observa-se que as classificações da aplicação Twitter têm um valor inferior. Isto pode ser atribuído ao facto de o número de utilizadores que classificam um filme nos outros sítios Web ser quase 100 vezes superior ao que a aplicação Twitter está a utilizar. Foi realizada uma pequena experiência com um número variável de tweets utilizados pela aplicação Twitter para confirmar esta teoria.

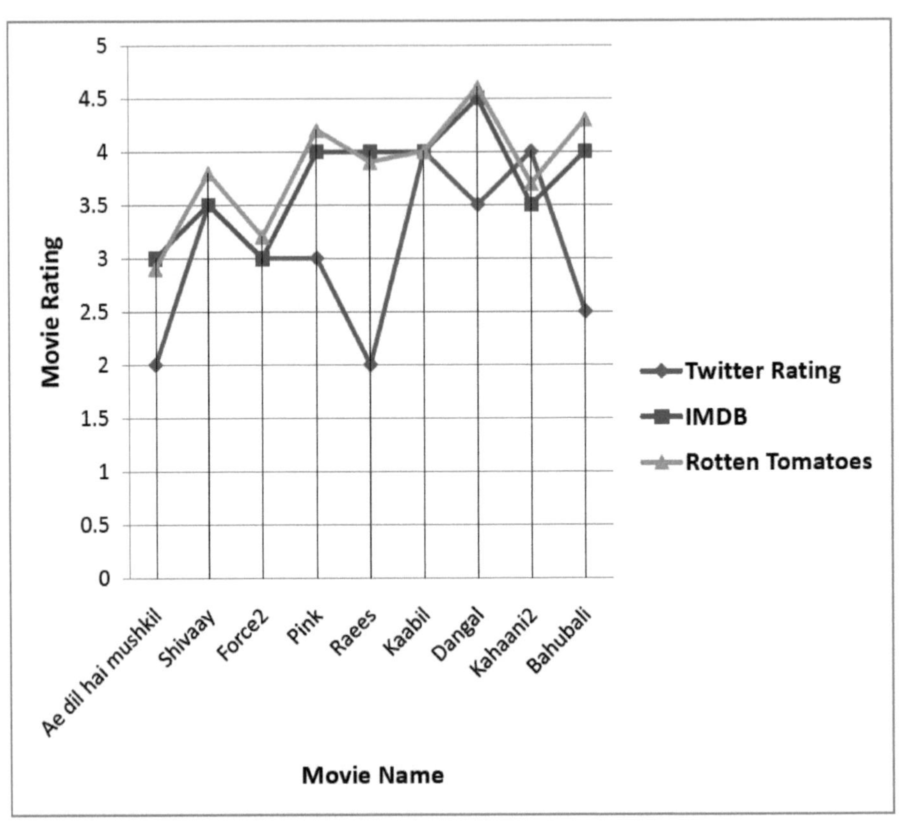

Figura 4.4 Classificação no Twitter versus IMDB e Rotten Tomatoes

Nome do filme	Classificação do Twitter	IMDB	Tomates podres
Ae dil hai mushkil	2	3	2.9
Shivaay	3.5	3.5	3.8
Força2	3	3	3.2
Cor-de-rosa	3	4	4.2
Raees	2	4	3.9
Kaabil	4	4	4
Dangal	3.5	4.5	4.6
Kahaani2	4	3.5	3.7
Bahubali	2.5	4	4.3

Tabela 4.1 Classificação no Twitter versus IMDB e Rotten Tomatoes

Como se pode ver na Figura 4.4, a classificação do twitter para o filme "Ae Dil hai Mushkil" é 2, enquanto a do IMDB é 3 e a do Rotten Tomatoes é 2,9. Para o filme "Kaabil", prevemos a mesma classificação que a do IMDB e do Rotten Tomatoes.

4.2 Comparação das críticas do Twitter com as críticas do IMDB e do Rotten Tomatoes

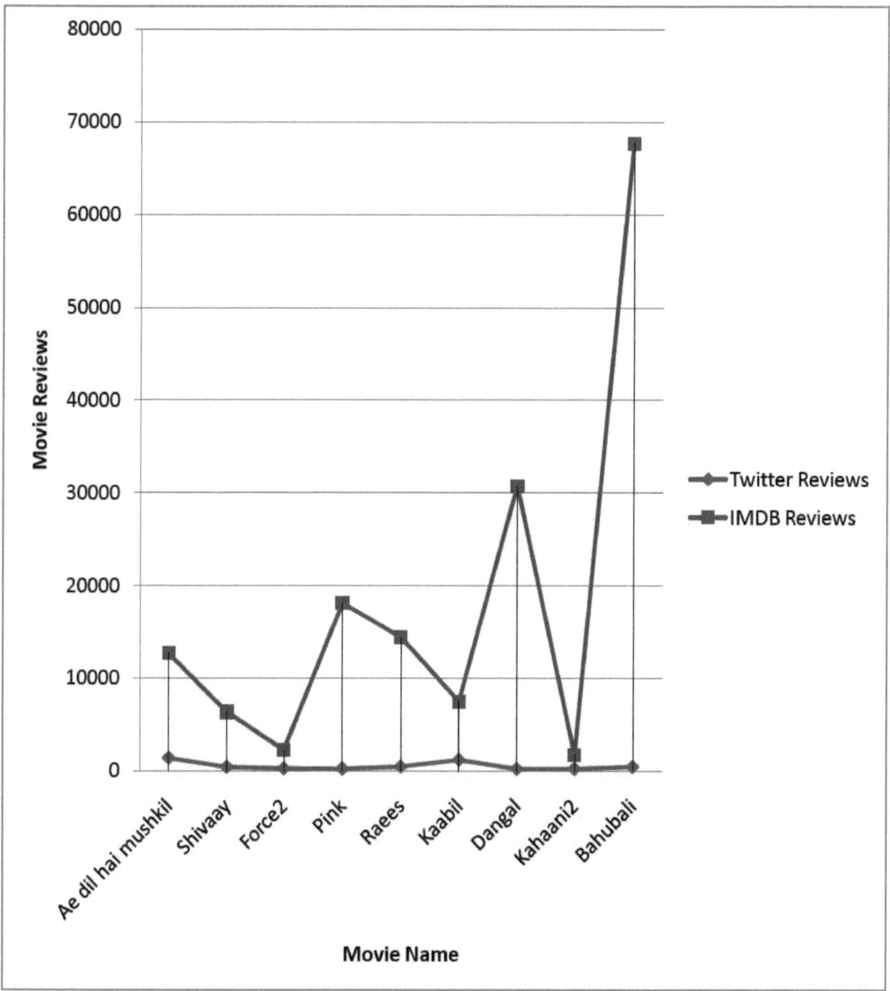

Figura 4.5 Críticas do Twitter versus Críticas do IMDB

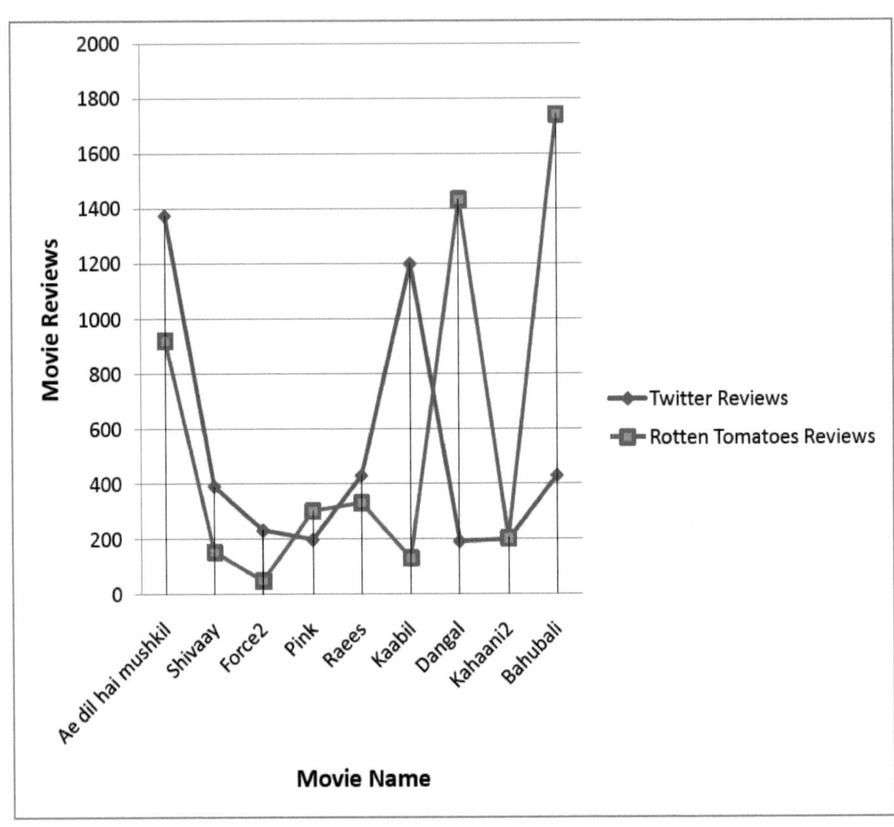

Figura 4.6 Críticas do Twitter versus Críticas do Rotten Tomatoes

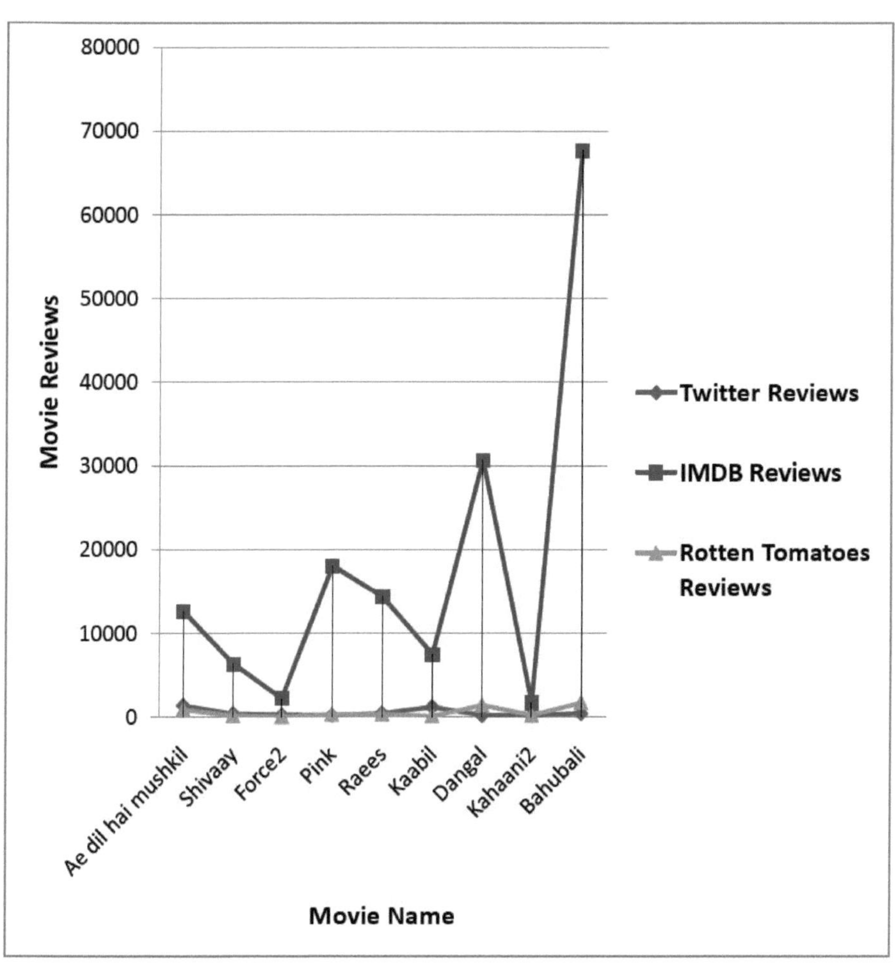

Figura 4.7 Críticas do Twitter versus Críticas do Rotten Tomatoes versus IMDB

A Figura 4.7 mostra outro gráfico que mapeia o número de comentários e classificações de utilizadores utilizados para os mesmos filmes. Isto mostra a grande diferença no conjunto de dados utilizado pelas diferentes aplicações.

Nome do filme	Comentários do Twitter	Críticas IMDB	Críticas do Rotten Tomatoes
Ae dil hai mushkil	1375	12644	921
Shivaay	392	6341	154
Força2	233	2245	50

Cor-de-rosa	199	18102	302
Raees	431	14390	332
Kaabil	1200	7462	131
Dangal	193	30720	1433
Kahaani2	200	1719	204
Bahubali	431	67698	1743

Tabela 4.2 Críticas do Twitter versus críticas do IMDB e do Rotten Tomatoes

Como se pode ver no gráfico das críticas do Twitter e das críticas do IMDB e do Rotten Tomatoes, o número de críticas do IMDB é muito elevado em comparação com as críticas do Twitter para o filme "Ae dil hai mushkil", o número total de tweets que recolhemos é de 1375, enquanto o do IMDB é de 12644 e o do Rotten Tomatoes obteve as classificações de 2 para o Twitter, 3 para o IMDB e 2,9 para o Rotten Tomatoes. Para o filme "Kaabil", o número total de tweets que recolhemos é de 1200, enquanto o do IMDB é de 7462 e o do Rotten Tomatoes é de 131, obtendo-se as classificações de 4 para todos. O resultado mostra que, se obtivermos uma grande quantidade de dados do Twitter, o nosso algoritmo calcula uma classificação mais exacta, uma vez que esta aplicação funciona com maior precisão com uma grande quantidade de dados, mas atualmente a aplicação pode obter cerca de 100 tweets por chamada à API, dependendo da recente publicação de um tweet sobre o filme. Há que sublinhar que estes dados não são suficientes para determinar a opinião da multidão para classificar um filme. Este é especialmente o caso quando se trata da recuperação de dados do Twitter com base na pesquisa por palavra-chave. Os resultados da pesquisa incluem invariavelmente anúncios, retweets e spam. Estes têm de ser filtrados ou categorizados separadamente para não interferirem com a classificação do sentimento. Uma vez que o Twitter tem um limite de taxa de dados disponíveis para utilização, a solução alternativa para este problema na aplicação consiste em armazenar os tweets sempre que são recuperados e calcular uma nova classificação quando o nome do filme é novamente pesquisado. Isto resulta num aumento dos dados utilizados para avaliar os filmes, sempre que a aplicação é utilizada.

CAPÍTULO 5

CONCLUSÃO

Os dados do Twitter conseguem efetivamente captar as opiniões e as emoções da multidão e as API do Twitter facilitam bastante a recolha e a análise destas informações. Esta aplicação de ambiente de trabalho consegue, de facto, utilizar esta enorme quantidade de dados para fornecer um resultado significativo e útil, devido ao limite de velocidade introduzido pelo Twitter. Atualmente, trata-se muitas vezes de uma implementação educativa da ideia de utilizar o conhecimento do Twitter para classificar um filme. No futuro, se o limite da informação do Twitter for removido, esta aplicação terá um excelente resultado e poderá ser utilizada para a análise de várias mercadorias e da sua qualidade. Se todos os tweets que contêm a cadeia de pesquisa para o nome de um filme forem capturados e analisados, será possível chegar a conclusões muito precisas.

Os dados de treino utilizados pelo algoritmo de classificação são muito limitados em termos de tweets por categoria. Os resultados têm sido encorajadores com o pequeno conjunto; espero que os resultados sejam ainda mais impressionantes com uma maior seleção de processamento de linguagem natural nos dados de treino. Para alguns filmes, previmos a classificação exacta, mas em alguns casos não estamos a obter o resultado exato porque temos menos dados para esse filme.

Como a aplicação é utilizada frequentemente, o conjunto de dados cresce com ela. Isto faz com que a classificação de um filme esteja sempre actualizada em relação à opinião pública. O melhor caso de utilização é a pesquisa de filmes recentes, simplesmente porque é nessa altura que o público parece estar a tweetar mais sobre os filmes, pelo que será possível prever uma classificação mais precisa.

CAPÍTULO 6

TRABALHO FUTURO

Em futuras melhorias, podem ser introduzidas mais categorias para classificar os tweets - extremamente positivos, ligeiramente positivos, extremamente negativos, ligeiramente negativos, neutros e irrelevantes. Isto pode ser utilizado para melhorar a fórmula de classificação, tornando-a mais exacta. Pode ser associado um peso a cada categoria e depois calcular a média.

Um maior número de classes implica um aumento do número de atributos com que o classificador deve comparar a entrada. Isto deve mostrar alguma diferença no resultado do classificador e, por conseguinte, diferença na classificação apresentada pela aplicação.

Apenas consideramos os dados do Twitter, mas, no futuro, os dados de outras redes sociais como o Facebook, o YouTube e outros comentários de bloguistas também serão tidos em conta para uma classificação mais exacta e com opiniões reais de todas as redes sociais num único local.

Referências

[1]Alja'z Blatnik, Kaja Jarm, Marko Me'za, Movie sentiment analysis based on public tweets, Faculdade de Engenharia Eléctrica, Universidade de Liubliana, Tr'za'ska 25, 1000 Liubliana, Eslovénia, 81(4): 160-166, 2014 ARTIGO CIENTÍFICO ORIGINAL.

[2]Snehal. A. Mulay, Shrijeet J Joshi, Mohit R Shaha, Hrishikesh V Vibhute, Mahesh P Panaskar, Análise de sentimento e mineração de opinião com redes sociais para prever a arrecadação de bilheteria do filme, Jornal Internacional de Pesquisa Emergente em Gestão e Tecnologia ISSN: 2278-9359 (Volume-5, Issue-1)

[3]Ladislav Peska, Peter Vojtas, Hybrid Biased k-NN to Predict Movie Tweets Popularity, Faculdade de Matemática e Física da Universidade Charles de Praga Malostranske namesti 25, Praga, República Checa.

[4]Vasu Jain, Prediction of Movie Success using Sentiment Analysis of Tweets Department of Computer Science, University of Southern California, The International Journal of Soft Computing and Software Engineering [JSCSE], Vol. 3, No. 3, Special Issue.

[5]Wernard Schmit, Sander Wubben, Predicting Ratings for New Movie Releases from Twitter Content, Proceedings of the 6th Workshop on Computational Approaches to Subjectivity, Sentiment and Social Media Analysis (WASSA 2015), pages 122-126,Lisboa, Portugal, 17 September, 2015. c 2015 Association for Computational Linguistics.

[6]IMDb.com, Inc. Opening this week. http://www.IMDb.com/ (acedido em dezembro de 2016 - fevereiro de 2017).

[7]Alexa. Estatísticas do IMDB, disponíveis em http://www.alexa.com/ siteinfo/IMDb .com

[8]Alexa. Estatísticas do Rotten Tomatoes, disponíveis em http://www.alexa.com/siteinfo/rottentomatoes.com

[9]Twitter, Inc. Centro de Ajuda do Twitter - Utilizar hashtags no Twitter.

https://support.twitter.com/entries/49309 (acedido em fevereiro de 2017)

[10] Twitter, Inc. Descubra o Twitter - O que é o Twitter e como utilizá-lo. https://discover.twitter.com (acedido em fevereiro de 2017).

[11] Twitter, Inc. About. https://about.twitter.com/company (acedido em dezembro de 2016). 12] Twitter, Inc. Desenvolvedores do Twitter - Documentação. https://dev.twitter.com/ (dezembro, 2016)

Printed by Books on Demand GmbH, Norderstedt / Germany